Ein Buch aus der Reihe

Management konkret

Wilhelm Schmeisser
Kristin Kirchhoff

Wie Unternehmenskultur Innovationen fördert

Management konkret

UVK Verlagsgesellschaft mbH
Konstanz und München

Prof. Dr. habil. Wilhelm Schmeisser

Professor für Betriebswirtschaft an der HTW Berlin, Schwerpunkte in Finanzierung und Investition, Personal und Organisation, Strategisches Management und Innovationsmanagement; Direktor des Kompetenzzentrums „Internationale Innovations- und Mittelstandsforschung", Berlin, sowie Direktor der Forschungsstelle „Europäisches Personalmanagement und Arbeitsrecht" (EPAR) an der Universität Paderborn.

Kristin Kirchhoff

Freie wissenschaftliche Mitarbeiterin des Kompetenzzentrums „Internationale Innovations- und Mittelstandsforschung", Berlin.

Bibliografische Information der Deutschen Bibliothek
Die Deutsche Bibliothek verzeichnet diese Publikation in der Deutschen Nationalbibliografie; detaillierte bibliografische Daten sind im Internet über <http://dnb.ddb.de> abrufbar.

ISBN 978-3-86764-566-9

Einbandgestaltung: Susanne Fuellhaas, Konstanz
Einbandmotiv: iStockphoto.com, vasilki

UVK Verlagsgesellschaft mbH
Schützenstraße 24 · 78462 Konstanz
Tel. 07531-9053-0 · Fax 07531-9053-98
www.uvk.de

Vorwort

Das Innovationsmanagement führt die allerwichtigste Aufgabe eines Strategischen Managements und des Topmanagements in einer Industrieunternehmung durch. Dahinter steht zumindest die mittelfristige Hoffnung der Unternehmensleitung, dass z.B. im Forschungs- und Entwicklungsbereich genügend Wissen kreiert werden kann, um ausreichende Patente, Erfindungen und erste Prototypen von Artefakten oder Software zu entwickeln, um Innovationen und Prozessinnovationen in der Produktion und im Marketing zu implementieren. Innovationen sind die Umsatz- und EBIT/Cashflow-Garanten für Wachstum und Arbeitsplätze. Dies gilt natürlich nicht nur für das Unternehmen, sondern für eine exportorientierte Nation, wie die Bundesrepublik Deutschland im Besonderen, die mit dem Maschinenbau, Automobilbau, der Chemie usw. unseren Wohlstand sichert.

Das Innovationsmanagement hat in den letzten 70 Jahren einen „Siegeszug" im Bewusstsein der Menschen und in der globalen Wirtschaft gehalten, beispielsweise in der Raumfahrt. Dabei diskutierte die Wissenschaft und die Science-Fiction-Literatur die permanente Frage, wie die technische Entwicklung aussehen wird und welcher nächste technische Schritt bzw. welche Erfindung diesen Technologiewettbewerb antreiben könnte. Hinzukam die Technologiefolgenabschätzung z.B. von Kernkraftwerken, die die Chancen und Risiken der wirtschaftlichen sowie die ökologischen und gesellschaftlichen Folgen technischer Neuerungen untersuchen soll. Spätestens seit der Ablösung der mechanischen Uhr durch die Quarzuhr in den 1960er/1970er Jahren wird auf Anregung von Ansoff über Schwache Signale im Strategischen Management diskutiert und die methodische Suche nach Innovationen mit Hilfe von „Strategischen Suchfeldern" von Müller-Stewens in der Betriebswirtschaftslehre systematisch analysiert. Man könnte auch praktisch argumentieren, dass Unternehmen und ganze Branchen technische Entwicklungen verschlafen haben, wie beim Handy zur Fotofunktion und zum Smartphone oder in der Solar- und in der IT-Branche. Damit gefährden die Unternehmen sich selbst und die Arbeitsplätze ihrer Mitarbeiter.

Inhalt

1 Innovationstheorien und Innovationskonzepte

Die Forschung und Entwicklung, Erfindungen, Produktinnovationen, Prozessinnovationen sowie die montagegerechte Konstruktion nehmen für die Innovationsaktivitäten in Industriebetrieben eine Schlüsselrolle für deren Fortbestand ein und sorgen für das notwendige interne Wachstum. Sie kreieren die für die Zukunftssicherung der Unternehmung notwendigen immateriellen und materiellen Erfolgsfaktoren der Innovationen. Deswegen kann man die finanziellen Ausgaben respektive die Aufwendungen für die Forschung und Entwicklung und für die Innovation in Produktion, Dienstleistung und Marketing als Investitionen zur Erhaltung und Bildung neuer Geschäftsmodelloptionen auffassen. Innovationen als Ergebnis von Auftragsforschungen, eigenen Forschungs- und Entwicklungsergebnissen, externen, technologieorientierten Unternehmenskauf oder Lizenzkauf bestimmen den dauerhaften Markterfolg einer Unternehmung. Dieser Markterfolg der Unternehmung spiegelt sich in der innovativen (Tochter-)Gründungsfinanzierung und/oder der Innovationserfolgsrechnung der Unternehmung wider und ist einer der bedeutendsten, strategischen Erfolgsfaktoren jeglichen Strategischen Managements.

Deutsche Unternehmer und Unternehmen sind sich seit Jahren darin einig, dass zu 70-80 % des Produkt- und Produktionserfolges sowie Prozessinnovationen dies den Anstrengungen des Forschungs- und Entwicklungsbereiches sowie des Betrieblichen Vorschlagswesens zu verdanken sind.[1] Forschung und Entwicklung sowie Innovation bilden deshalb die Säule der Wettbewerbsfähigkeit, Existenzsicherheit und finanziellen Erfolgswirksamkeit jeden Unternehmens.

---

[1] Vgl. Schmeisser, W.: Zur Genese neuer Geschäfte in der Industrieunternehmung. Aachen 1997

1.1 Theoretische Grundlagen und konzeptionelle Überlegungen zum Technologie- und Innovationsmanagement

Den konzeptionellen Bezugsrahmen des Buches bilden vier theoretische Grundlagen, Ansätze bzw. Denkschulen und deren terminologischen Versuche das unternehmerische Innovationsmanagement zu beschreiben, zu analysieren, zu prognostizieren und wenn möglich zu gestalten.

Jedes Unternehmen durchläuft einen (integrierten) Lebenszyklus, der bei technologischen Innovationen analog bzw. synchron mit dem (finanziellen) Lebenszyklus des (Gründungs-)Unternehmens verläuft, und manchmal sogar mit dem Branchen-(produktlebens-)zyklus identisch sein kann.

Die wesentlichen technologieorientierten Unternehmensphasen sind:

- die Ideen-, Innovations-, Gründungs- und Finanzierungsphase,
- die Innovations-, Diffusions-, Wachstums-und Controllingphase,
- die Mergers- and Acquisitionsphase, oft auch als externe Wachstums- und Reifephase eines Strategischen Managements bezeichnet, weil in dieser Zeit eigene Forschungs- und Entwicklungsergebnisse für das Unternehmen fehlen, aber für ein weiteres Wachstum der Unternehmung notwendig sind.

Und die

- Krisenphase, die entweder zu und in einem neuen, unternehmerischen integrierten Produkt- Innovationslebenszyklus „endet" oder zur Liquidations- und Insolvenzphase des Unternehmens führt.

Der Entrepreneur und/oder das Intrapreneur-Management muss sich sehr genau mit der Ideenfindung, der Technik, dem Patentrecht zur Erfindung und Innovation, der zukünftigen Produktion, dem Marketing, der Organisation und dem Personalmanagement, dem Controlling und z.B. der Finanzierung seines Unternehmens auseinandersetzen, um den (zukünftigen) Unternehmenswert, die Überlebensfähigkeit sowie die unternehmerische Wettbewerbsfähigkeit des Unternehmens sicherzustellen. Für unternehmerische

Entscheidungsträger stellt sich die Frage, wie sie am besten das unternehmerische Innovationsmanagement steuern und kontrollieren können. Die folgenden Theorien respektive Ansätze und deren terminologischen Grundlagen geben einen ersten Überblick zum Innovationsmanagement.

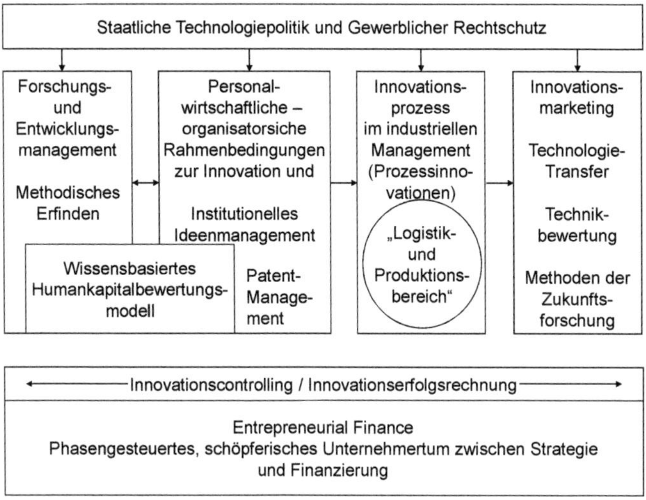

Abbildung 1: Aspekte zur Innovations- und Technologiepolitik eines Unternehmens

Ansätze / Kriterien wissenschaftlicher Grundlagen	Innovationsmanagementansätze (in Anlehnung an Burr 2004)			
	Traditioneller Innovationsansatz „Technology- Based View"	Neue Institutionenökonomik „Law and economic-Based View"	Ressourcenorientierte Unternehmensführung „Ressource-Based View"	Strategieansatz der Industrial-Organisation Forschung „Market-Based View"
Grundannahmen	Probleme der technischen Ideengewinnung -Erfindungslehre: Probleme der Findung des nächsten technischen Fortschritts	Fragen zur Institutionengestaltung: FuE-Organisation und/oder Vertragsgestaltung, z.B. Lizenzvertrag, Arbeitsverträge für Forscher	Aufbau und Einsatz unternehmerischer FuE-Kompetenzen (wissensbasiertes Humankapita)	Aufbau von Marktmacht durch Beeinflussung der Wettbewerbskräfte innerhalb einer Branche durch innovatives Verhalten und Performance
Wissenschaftliche Grundlagen	- Allgemeine Technologie - Erfindungslehre - Kritischer Rationalismus als wissenschaftliches Paradigma der Informationsgewinnung und -verarbeitung - Systemtheorie der Technologie	- Property-Rights-Theory -Transaktionskostenansatz - Agency-Theorie - Gewerblicher Rechtsschutz (Patente etc.) - Arbeitnehmererfindungsrecht	- Intangible Property - Immaterielle Bilanzierungsüberlegungen des IFRS - Dynamic Capabileties / Kernkompetenzen - Innovationscontrolling	- Strategieforschung - Diffusionsforschung - Performanceforschung durch Berliner Balanced Scorecard Ansatz und Innovationserfolgsrechnung
Typische Modelle / Ansätze	-Allgemeine Theorie der technischen Entwicklung (Pfeiffer, W. 1971) - Altschullers Erfindungslehre → Triz - Technologiefolgenabschätzung	Spezifisches/ wissensbasiertes Humankapital z.B. im Konstruktionsbereich mit Outputergebnissen (z.B. Patente)	-Berliner BSC-Ansatz - Berliner Humankapitalbewertungsmodell -Technologie Portfoliomethode	-Porter-Ansatz (1982-1984) - Innovationserfolgsrechnung - Innovationsmarketingmodelle und Diffusionsmodelle

Abbildung 2: Innovationsansätze und Innovationstheorien

1.2 Traditionelle, betriebswirtschaftliche Innovations- und Technologielehre: Annahmen, Techniken und Methoden (Technology-Based-View)[2]

1.2.1 Mikroökonomische und technische Subsysteme als Erklärungsansätze für Innovationen bzw. Theorien der Ontogenese

Sowohl in der Volkswirtschaft als auch in der Betriebswirtschaft hat man sich schon recht frühzeitig Gedanken gemacht, wie die wirtschaftliche Entwicklung mit/und ohne technischen Fortschritt verläuft und was der Auslöser von veränderten Produktionsfunktionen, Lebenszyklen und unternehmerischen Erfolgen von Industrieunternehmen sind.

---

[2] Vgl. dieses Kapitel beruht maßgeblich auf Schmeisser, W. (1997): Zur Genese neuer Geschäfte in der Industrieunternehmung, Aachen

„Wer dem Geistig-Schöpferischen in der Wirtschaft über die materiell-wirtschaftlichen Grundlagen hinaus tragende Bedeutung zuerkennen will, der muss über die Produktionsfaktoren Arbeit, Kapital und Natur die Ideen stellen. Es wird damit der Übergang von einer vorwiegend materiell-technischen zu einer geistig-wirtschaftlichen Auffassung der Volkswirtschaft vollzogen, d.h. der Tatsache Anerkennung verschafft, dass es in erster Linie der **menschliche** Geist ist, der wirtschaftet.

Im Verhältnis zu den materiellen Gebundenheiten hat die Volkswirtschaft bisher diesen geistig-schöpferischen Kräften zu wenig Beachtung geschenkt. In den einzelnen Teilen der Theorie muss der Einsicht Raum gegeben werden, dass oft das Geistig-Schöpferische über die Schwerkräfte, die von der sachlichen Seite der Produktion her wirken, siegt.“ (Bülow, Friedrich, Volkswirtschaftslehre, 3. Aufl., Leipzig 1934, S. 267)

Modern gesprochen versucht Bülow von einem wissensbasierten Humankapital zu sprechen, dass beispielsweise in der Forschung und Entwicklungsabteilung in Form von neuen technischen Sachsystemen kreiert, d.h. z.B. Erfindungen, Prototypen, Patenten, montagegerechten Innovationen usw. bereitstellt wird, um dadurch einen dynamischen Unternehmer und/oder ein Innovationsmanagement in einem Industrieunternehmen den wirtschaftlichen Diffusionsprozess einer Innovation durch ein Innovationsmarketing zu ermöglichen, und unter Umständen um eine ganze Branche durch Innovationen zu prägen.

Auch bei Schumpeters „Theorie der wirtschaftlichen Entwicklung“(1911) ist frei interpretiert zu entnehmen, dass er von der klassischen Volkswirtschaft und dem Ideal des freien Wettbewerbs mit „homogenen“ Gütern wenig hält. Er vertrat die Auffassung, dass das bestehende Konsumniveau einer Volkswirtschaft durch Industrieprodukte, vor allem durch marktbeherrschenden Konzern, wie Krupp, Siemens, DuPont, Generell Electric usw., zu verdanken sei. Der Wettbewerb sei eher ein ständiger Prozess der „schöpferischen Zerstörung“, der permanent durch neue Produkte, Dienstleistungen, Verfahren, sprich „Innovationen“ ausgelöst wird. Es handelt sich hier um eine ständige technische „Revolution“ in einzelnen Technikfeldern, die sich auch kombinieren lassen, damit Alt-Technologie abgeschafft und neue Technologien zum Durchbruch verholfen werden (vgl. auch Technikphilosophie, Erfindungslehre, Tritz, Betriebliches Vorschlagswesen etc.). Dieses Phänomen wird auch technischer Fortschritt und technische Entwicklung genannt. Dazu veröffentlichte Schumpeter 1939 eine konjunkturtheoretische Untersuchung, die „Business Cycles". Seiner Meinung nach erfolgt Wirtschaftswachstum in unregelmäßigen Schüben durch Innovationen, Kapitalnachfrage, Wachstumskrisen, Überangebot und Preisverfall, dem dann eine neue technologische Welle folgt. Ein konzeptioneller Gedanke, den man auch bei Kontradieffs Wellen-Modell (Kontradieff 1926, Burr 2006, S. 39 ff.) wiederfindet.

Das Handbuch Innovationsmanagement folgt hier den Unternehmenslebenszyklus, der mit einem Finanzierungszyklus, einem integrierten Produkt- und Innovationszyklus, bestehend aus einem Entstehungszyklus, Marktzyklus und Recyclingzyklus spiegelbildlich verknüpft und im Grenzfall identisch sein kann; d.h. dies sind betriebswirtschaftliche Überlegungen, die sich auf Schumpeters Gedankengebäude stützen.

Die meisten Autoren in der Volkswirtschaft und in der Betriebswirtschaft haben nicht das Ziel, die technische Entwicklung eines technischen Sachsystems, als ein rationales Konzept einer Naturwissenschaft und einer Ingenieurwissenschaft zu erfassen und zu beschreiben. Sie sehen Technik, Innovation und/oder technischen Fortschritt als eine Variable bzw. Größe neben anderen an. Technik und Innovation wird meist als vorgegebene, exogene oder endogene Variable eines Modells behandelt. Fragen nach den Ursachen und den Entwicklungspfaden eines Technikfeldes wie Luft- und Raumfahrt, Auto, Solarenergie, Telefon/Handy/Smartphone mit Internet, IT-Technologie etc. werden nicht weiter verfolgt oder nachgegangen. Es wird übersehen, dass nur in den einzelnen Technikfeldern zweckmäßige Wettbewerbsszenarien, Zukunftsprognosen, eine Technikbewertungen bzw. Technology Assessment entwickelt werden können, beispielsweise zum Zukunftsauto oder zur Energieversorgung der Bundesrepublik Deutschland, z.B. ohne Atomkraftenergie. Dieser gedankliche Ansatz wird als Technology-Based View charakterisiert, Rationale Ansätze[3] des Technology-

[3] Grundsätzliche Anlehnung an Schmeisser, W., 1997

Based View basieren auf den Grundgedanken, dass es ein allgemeines Technikkonzept bzw. eine Konstruktionswissenschaft gibt, die auf allgemeinen Gesetzmäßigkeiten und Prinzipien eines Technikfeldes beruhen. Das naturwissenschaftlich-technische physikalische und/oder chemische Experiment hat hier Pate gestanden. Der Wissenschaftler, Forscher, Konstrukteur und/oder Erfinder sucht nach erwarteten oder unerwarteten Effekten in einer kontrollierten Versuchsanordnung, also nach denjenigen Variablen, die für erhoffte Effekte oder deren Ausbleiben verantwortlich sind. Die Suche nach denjenigen Effekten, die die Erfindung und damit die Innovation wünschenswert macht, ist Aufgabe und Resultat eines Forschungsprozesses.

Bereits „...in der kreativitätspsychologischen Version des intuitiven Konzeptes ist implizit die These enthalten, eine Erfindung sei im Grunde nichts anderes als eine neuartige Kombination an sich bereits bekannter Elemente.“[4] Seit dem 15. Jahrhundert verstehen sich Künstler und Ingenieure nicht mehr nur als Handwerker, die wiederholte, bekannte Handgriffe und Techniken wahrnehmen, um Dinge – Bilder, Produkte – zu duplizieren, sondern ihre Arbeit und ihre Werke zeichnen sich durch intuitive Individualität, Kreativität und Neuheit aus. Albrecht Dürer versteht seine Bilder als künstlerisch neu und einzigartig und signiert sie deshalb in der Mitte jedes Bildes und nutzt den gerade erfundenen Buchdruck, um seine Bilder besser vermarkten zu können.

Zwicky[5], die Ilmenauer Erfinderschule der Konstruktionswissenschaft[6] oder Triz dagegen haben unabhängig von den anderen Methoden eine mehrdimensionale „rationale“ Klassifikationsmethode angegeben, die als morphologische Methode bezeichnet wird. „Beim rationalistischen Konzept der Erfindung gewinnt man aus der Analyse der Erfindungsaufgabe eine Reihe von allgemeinen Merkmalen, die von jeder möglichen Lösung erfüllt sein müssen, und sieht für jedes dieser Merkmale eine Zeile der morphologischen Matrix vor, Sodann sucht man die einzelnen Zeilen mög-

---

[4] Vgl. Ropohl 179, S. 279

[5] Vgl. Zwicky 1971, S. 88 ff.

[6] Vgl. Altschuller, 1984, S. 13 ff.; Gerhard 1979, S. 67 ff; Schmeisser 1988, S. 25 f.

lichst lückenlos auszufüllen, indem man alle naturalen Effekte oder konstruktiven Prinzipien zusammenträgt, die das betreffende Merkmal zu realisieren gestatten."[7]

„Oft besteht der Kern einer wirklich grundlegenden Erfindung ... darin, ein neues Lösungsmerkmal oder ... ein bekanntes Merkmal in neuartiger Weise zu formulieren."[8]

Ein anderer rationaler Ansatz, die Illmenauer Erfinderschule, wird von Altschuller gegründet.[9] Aufgrund einer mehr als 20-jährigen empirischen Forschung anhand der Auswertung von Patentschriften, hebt er mehrere Aspekte hervor, die die Erfindungen und die technische Entwicklung prägen:

- Die meisten Erfindungen sind Weiterentwicklungen/Variationen bestehender Systemerfindungen (Automotor, Schiffsschrauben, vom Telefon zum Handy und Smartphone mit Fotofunktion, mit Internetfunktion, mit Fernsehen, mit E-Book, anderen Apps etc.), sieht man einmal von selteneren Basiserfindungen, den 3-D-Druckern, als möglichen Auslöser einer neuen industriellen Revolution[10] ab. Das Industrieunternehmen muss demnach von Zeit zu Zeit seine Forschungs- und Entwicklungsingenieure ermutigen und anhalten, eigene Produkte daraufhin zu untersuchen, ob die technische Entwicklung in anderen naturwissenschaftlich-technischen Bereichen einen derart dramatischen Entwicklungsverlauf genommen hat, dass es sich lohnt, die eigenen Produkte technologisch zu verändern, um bei den Konsumenten einen nahen Veränderungsschritt auszulösen, wie das Handy mit einer Fotofunktion auszustatten, im nächsten Schritt mit dem Internet usw. Hier kann man natürlich auch an die historischen Beispiele der Uhrenindustrie der 1970er Jahre erinnern, die jahrelang die Signale in der Elektro- und Informa-

---

[7] Ropohl 1979, S. 279

[8] Ropohl 1979, S. 280

[9] Vgl. Altschuller 1984, S. 13 ff. und 33 ff. sowie Schmeisser 1988, S. 25 f.

[10] Vgl. Götz Hamann, Der Alles-Drucker, Wie neue Technik die Gesetze der Globalisierung verändert, in: Die Zeit, Nr. 41, 4. Oktober 2012, S. 25

tiktechnik übersehen haben, und damit den technischen Wandel der zur Quarzuhr führte, und damit die fünfhundert jahrelange gebaute und verkaufte mechanische Uhr völlig überraschend schlagartig ablöste, und Unternehmens- und eine Branchenkrise in der schweizerischen und deutschen Uhrenindustrie auslöste. Ein unverzeihlicher wettbewerbsorientierter Fehler, der durch einen technologischen Fortschritt in einem anderen Technologiegebiert verursacht worden ist, da man nicht erkannt hatte, dass die Zeit auch mit einer anderen Technologie gemessen werden kann, und die Konsumenten diese innovative Technologie gegenüber allen vorherigen Marktforschungsergebnisse fast zu 99 % angenommen haben (Technology-Based-View). In den 1970er Jahren hat die Uhrenindustrie nicht nur eine Innovationschance verstreichen gelassen, auch den wirtschaftlichen Misserfolg einer ganzen Industriebranche vorprogrammiert.

- Aus der Technikgeschichte betrachtet, entwickeln sich technische Systeme in mehreren Etappen. Bei jeder Erfindung existiert ein Vorgänger. Z.B. bei der Zeitmessung durch die Babylonier, die sechzig Minuten, 24 Stunden, 365 Tage und die Vermessung der Erde und des Weltalls bzw. der Planeten und Sterne mit 360 Graden vor über 5000 Jahren mathematisch und messtechnisch eingeführt haben, die Sonnenuhr, die mechanische Uhr, die Atomuhr oder jetzt die Quarzuhr. Der Schlüssel zur Lösung des Erfindungsproblems und eines potenziellen Innovationsproblems ist darin zusehen, dass kreative Mitarbeiter besonders im Forschungs- und Entwicklungsbereich die „Gesetze der Entwicklung der technischen Systeme“ vorantreiben, und zwar im Sinne der Ontogenese und Phylogenese nach Ropohl[11], d.h. von einem Etappenschritt zum nächsten technologisch verstehen und „prognostizieren“ können. Im Extrem durch die eigene nächste Erfindung und/oder durch Prozessinnovationen, die diese Ingenieure auf die nächste Fortschrittsstufe der industriellen Produktion anzuwenden verstehen.[12] Ein Gedanke, der auch von Werner Pfeiffer in seiner „Allgemeinen Theorie der techni-

[11] Vgl. Ropohl, 1979, S. 269 ff.

[12] Vgl. Altschüller 1973, S. 33 ff.

schen Entwicklung"[13] erstmalig in der betriebswirtschaftlichen Innovationsforschung zugrunde gelegt und im nächsten Kapitel noch einmal ausführlich beschrieben wird.

- Etwas erfinden heißt für Altschüller[14], ein solches technisches System zu entwickeln, dass keine naturwissenschaftlich-technischen Widersprüche aufweist und die technischen Beschränkungen des vorhergehenden technischen Systems auflöst. Dabei sind technische Systeme „ausgezeichnete Erfindungen", wenn sie
  - grundlegende Veränderungen des bisherigen bzw. vorhergehenden Erfindungsobjektes vorschlagen,
  - auf eine Annäherung des Objektes an eine „ideale Maschine" ausgerichtet sind und
  - die Erfindung eine Synthese aus mehreren Wirkungen darstellt, d.h. den Anforderungen aus völlig verschiedenen Bereichen entspricht. Eine Erfindung wird zu einer „Schlüssel- oder Basiserfindung", wenn sie in der Lage ist, durch Kombination von methodischen Verfahren solchen heterogenen Anforderungen an die Technik zu genügen.

Altschuller[15] konstatiert, dass bis heute das Erfinden, Forschen und Konstruieren immer noch nicht rational betrieben wird, da man gern auf Kreativitätstechniken, sprich auf intuitive Methoden, zurückgreift. Altschuller plädiert dafür, Erfindungsprinzipien, ähnlich wie Konstruktionsprinzipien zu entwickeln und stellt als Pendant zu den Kreativitätstechniken seine Erfindungslehre vor. Der Forscher oder Konstrukteur kann sich mit derartigen Erfindungsprinzipien zahlreiche Fehlversuche auf dem Wege zur nächsten Erfindung ersparen, wie sie z.B. bei einem nicht gerichteten Vorgehen nach einem denkpsychologischen, intuitiven Konzept der Kreativitätstechniken vorkommen. Die Kreativitätstechniken (Brainstorming, Synektik etc.) gehen implizit oder explizit nach der permanenten „Versuchs-Irrtums-Methode" vor. Bei einer „selbstgestellten, ingenieurmäßig anspruchsvollen" Erfindungsaufgabe ist es

---

[13] Vgl. Pfeiffer, Werner, 1971, Allgemeine Theorie der technischen Entwicklung, Göttingen

[14] Vgl. Altschuller 1973, S. 59 ff. und S. 113 ff.

[15] Vgl. Altschuller 1973, S. 33 ff.

enorm relevant, die bisherigen technischen Widersprüche eines gegeben Sachsystems zu formulieren, worin möglicherweise bereits schwierige Teilaufgaben der zu lösenden Erfindungsaufgabe stecken. Hintergrund ist, dass der Mensch oft psychisch träge ist, und erst einmal im gewohnten, bisher erfolgreichen Denkrahmen die technische Aufgabe lösen will. Hat der Erfinder, als notwendige Voraussetzung, die jeweiligen technischen Widersprüche herausgefunden und erhält der Erfinder/Konstrukteur/Entwicklungsingenieur durch diese Widersprüche erste, vage Entwicklungsvorstellungen darüber, wie sich das gegebene, technische System einen Schritt vorwärts zur „idealen Maschine" fortentwickeln lässt, sind positive Erfindungsergebnisse wahrscheinlich. Nach Altschuller muss aber noch die hinreichende Voraussetzung erfüllt sein, dass bei der Entwicklung des neuen technischen Systems die passenden Erfindungsprinzipien und -methoden angewendet werden, die ähnliche Widersprüche bei anderen Erfindungen bereits gelöst haben. Kritisch ist anzumerken, dass Altschullers Ansatz keine absolut neuen Erfindungen, wie die Basiserfindungen des Rades oder die Mikroelektronik erklärt, da er immer bekannte Erfindungslösungen voraussetzt, die noch verbesserungswürdig sind.[16]

Angesichts der Tatsache das technische Sachsysteme einen enormen Einfluss ausüben und nicht vom Himmel fallen, stellt sich die Frage erneut vorher Erfindungen tatsächlich kommen, und warum sie gerade eine bestimmte und keine andere Beschaffenheit erhalten haben.

Ropohl führt zwei Gründe an, die grundsätzlich Erfindungen begründen, „ …dass

- Handlungssysteme die Sachsysteme hervorbringen, ihrerseits in aller Regel auch Sachsysteme für die Produktion von Artefakten verwenden und dass
- überdies die kennzeichnende Funktion dieser Handlungssysteme einen besonderen Typus des technischen Handelns repräsentiert, dergestalt, dass die Umgebungsveränderung, die in solchen Handeln erfolgt, genau darin besteht, die Menge der Artefakte in der Welt zu vermehren."[17]

---

[16] Vgl. Altschuller 1973, S. 77 ff.

[17] Ropohl 1979, S. 270

1.2.1.1 Zur Herleitung der technischen Entwicklung im ontogenetischen Sinne

Versucht man die Entstehung einzelner technischer Sachsysteme zu beschreiben und zu erklären, dann bieten sich die Phasen der technischen Ontogenese an, die von Machlup 1961, Pfeiffer/Staudt 1975 und Ropohl 1979, S. 272 ff. präferiert, und sich durchgesetzt haben. Die vier Phasen der Ontogenese eines technischen Systems sind „Kognition", „Invention bzw. Erfindung", „Innovation" und „Diffusion".

Ein möglicher Beginn eines technischen Sachsystems sind zuerst einmal irritierende, beobachtete Naturerscheinungen eines Forschers, z.B. Wellen, die eine erklärende **„Kognition"** erfordern. Der Forscher versucht z.B. diese biologischen, chemischen und/ oder physikalischen beobachtbaren Phänomene messbar zu machen. Dazu behauptet er vorläufig theoretische Hypothesen oder Gesetze, die es ihm erlauben, diese beobachteten Phänomene künstlich herzustellen und mit Hilfe von Experimenten statistisch zu beweisen.

Die zweite und im technologische Sinne fundamentale Phase der Ontogenese ist die **Invention**, die eigentliche Erfindung eines Sachsystems. In der Erfindung werden erstmals Funktion und Struktur eines neuen Sachsystems wenigstens dem Prinzip nach eindeutig beschrieben und verbal, zeichnerisch, in einem Realmodell oder in einem Prototyp dargestellt. Kriterien einer **Erfindung**, wie sie im Patentwesen angelegt werden, sind insbesondere Neuheit, Fortschritt und Erfindungshöhe gegenüber den Stand der Technik sowie Brauchbarkeit."[18]

Um das obige Beispiel fortzusetzen, entdeckt der Forscher elektromagnetische Wellen und/oder Röntgenstrahlen, so ist der Forscher wissenschaftlich herausgefordert ein experimentelles Messgerät/Sachsystem zu entwickeln, dass diese Wellen und Strahlen erfassen und messen kann.

Zwar sind zahllose Inventionen bekannt, die nie zu einer Innovation führten, aber auch Inventionen wie Röntgenmessgeräte die zu Röntgenapparaten in der medizinischen Diagnostik sowie Elektro-

---

[18] Ropohl 1979, S. 274

messgeräte, die zum Telefon, Handy, Radio, Fernsehen usw. geführt haben. Erst mit der Innovation in der Produktion wird das erfundene Sachsystem für die ökonomische Verwendung verfügbar.

Führt die Invention z.B. Auto zur Imitation von Automobilen in verschiedenen Varianten und eventuell sogar zur Massenproduktion, wie das Modell T bei Ford 1911, markieren diese Formen der Imitation die Diffusion als letzte Phase der Ontogenese.

Als Fazit bedeutet die technische Entwicklung eine Ontogenese eines technischen Systems in einem Technikfeld, wie die Erfindung des Autos vor 125 Jahren durch Daimler und deren Variation, Imitation und globalen Diffusion weiterer Automobile.

„Andererseits ist aber auch dann von technischer Entwicklung die Rede, wenn man die Phylogenese aller Sachsysteme meint; dann ist die „technische Entwicklung“ ein Synonym für den allzu wertbesetzten Ausdruck „technischer Fortschritt“ und für die Bezeichnungen „technischer Wandel“ und „technische Veränderung“, die beide suggerieren könnten, es modifizierte sich eine im Grunde fortbestehende Substanz.“[19] Als Beispiel einer Phylogenese bietet sich die raumzeitliche Überbrückung des Menschen von A nach B durch technische Systeme an, nämlich mittels eines Pferdefuhrwerks, über das Fahrrad, Motorrad, Auto, Flugzeug hin zur Rakete.

„Die technische Entwicklung im phylogenetischen Sinn ist identisch mit der Entstehungsgeschichte der Artefakte schlechthin und reicht von den Anfängen der Technik in prähistorischer Zeit über die Gegenwart bis in die Zukunft hinein.“[20]

Mit den künftigen, zu erkennenden Entwicklungsschritte der Phylogenese lassen sich mit den Methoden der technischen Prognostik (z.B. Relevanzbaumverfahren, Szenario- und Delphi-Methode) entsprechende technische Tendenzen voraussagen (Technology Assessment).Dabei lassen sich wertfreie Aussagen zur Energiegewinnung mittels Technikbewertung, wie Techniker gern behaupten, nicht wirklich deduziert tätigen. Zur Energiegewinnung könnten z.B.

---

[19] Ropohl 1979, S. 271

[20] Ropohl 1979, S. 271

technische Systeme wie Atomkernkraftwerke oder Windkraftanlagen dienen. Bei den Atomkraftwerken entstehen mehr Gefahren durch potentielle Unfälle, Verstrahlung, das Problem der Entsorgung oder Atomkriege. Dagegen ist die Windenergie umweltschonend und nachhaltig, mit ganz wenigen Gefahren belastet, die sogar schnell behoben werden können und keine jahrhundertlange Folgen, z.B. der Verstrahlung, nach sich ziehen lassen können (vgl. Irrgang, B., Hermeneutische Ethik, 2007).

1.2.1.2 Theorien der Ontogenese

Bei der Ontogenese der technischen Entwicklung lässt sich das intuitive Konzept und das rationalistische Konzept unterscheiden.

Zum intuitiven Konzept: „Eine eigene Psychologie der technischen Entwicklung ist unseres Wissens bisher wohl noch nicht vorgelegt worden, doch lassen sich die Einsichten der allgemeinen Kreativitätsforschung durchaus übertragen. Demnach besteht der kreative Prozess aus vier Phasen, der Präparation, der Inkubation, der Illumination und der Verifikation" (Ropohl, 1979, S. 277).

In der Präparationsphase besteht die Herausforderung darin, sich mit einem Problem ausführlich auseinanderzusetzen, möglichst viele Informationen zum Problem zu sammeln, die relevant erscheinen oder erste Erklärungsansätze liefern können. In dieser Phase empfiehlt die Konstruktionswissenschaft dem Erfinder/Konstrukteur/Forscher sich über die naturwissenschaftlichen Effekte zu informieren und konstruktive Prinzipien (vgl. Triz), die ihm bereits bekannt sind oder eine Ermittlung durch zielgerichtete Patent-Informationsrecherchen zu betreiben. Das berühmteste Physik-Beispiel von Archimedes zur Messung des Goldgehaltes einer Krone, ohne diese zu zerstören, steht hier Pate. Die Kreativitätspsychologie geht hier von einer Inkubationsphase aus. Die Phase beschreibt, wie die gesammelten Wissenselemente beim Menschen ins Unterbewusste absinken und sogar im Schlaf zu Assoziationen anregen.

Es folgt die Illuminationsphase bzw. die Erleuchtungsphase beim Erfinder (Heureka, ruft Archimedes aus, und meint, er hätte die Idee gefunden). Die Verifikationsphase bezeichnet die wissenschaftliche Überprüfung der Idee, ob die Idee sich einer naturwissenschaftlichen und technischen kritischen Überprüfung als beständig, konstruktiv und funktionsfähig erweist.

Zum rationalistischen Konzept:

Den rationalistischen Ansatz eines integrierten Konzeptes innovativer Produktlebenszyklen findet man sowohl in der Konstruktionswissenschaft als auch in der Betriebswirtschaftslehre (vgl. Altschuller 1973).

Nach Ropohl 1979, S. 281 erfolgt in der Konzeptionsphase eines Sachsystems, dieses nach dem Modell der Funktion, also was das technische System erbringen oder leisten soll. Dann folgt das Modell der Struktur, nämlich wie das technische System beschaffen sein muss, und ob damit die angestrebte bzw. erwünschte Funktion zu erfüllen ist. Nun erst wird die Funktion und die Struktur des technischen Systems auf die Vereinbarkeit mit naturwissenschaftlichen und technischen Effekten überprüft, um nun konstruktive Prinzipien anzuwenden und eine detaillierte Konstruktion des technischen Systems zu kreieren. Am Ende entsteht ein innovatives, gegenständliches Artefakt.

Die Abbildung 1 zeigt, wie Ideen, Produkt- und Prozess-Innovationen von der Forschungs- und Entwicklungsabteilung, dem Marketing und/oder dem betrieblichen Vorschlags- und Ideenmanagement angeregt werden. Der Logistikbereich und das Innovationscontrolling mit dem industriellen Management Fertigung und Montage überprüft die Produktinnovationen, und zwar mit Hilfe einer Kalkulation im Vorfeld und im Nachhinein, hier natürlich mehr auf deren betriebswirtschaftlicher Machbarkeit. Der Vertrieb und der Nutzer/Markt entscheiden letztendlich über die Annahme oder Ablehnung der „Innovation". Zur Machbarkeit gehören heute jedoch auch die prognostische Beseitigung bzw. das Recycling eines „verbrauchten" technischen Sachsystems, aufgrund rechtlicher Regelungen, der Zurückgewinnung von Materialen sowie des Umweltschutzes aus moralischer oder imagemäßiger Notwendigkeit.

Eine Institutionalisierung des Ideen-, Innovations- und Forschungsmanagements in der Industrieunternehmung ergeben sich damit aus diesen Überlegungen.

1.2.2 Mikro- und makroökonomische Erklärungsansätze für den technischen Fortschritt oder von den Theorien der Phylogenese aus technischer Sicht hin zur Technologischen Voraussage

In den Wirtschaftswissenschaften ist es üblich zuerst von den volkswirtschaftlichen Theorien bei der Innovationsforschung auszugehen, um dann später auf die betriebswirtschaftlichen Innovations-Theorieansätze, wie Market-Based View und Resource-Based-View zu kommen. Der Technology-Based-View-Ansatz kann als Voraussetzung dieser beiden (strategisch-orientierten) betriebswirtschaftlichen Ansätze betrachtet werden.

Die klassische Volkswirtschaft hat sich mit dem Wettbewerb durch Innovation und Technischen Fortschritt schon immer schwer getan.

Hintergrund ist ihr wissenschaftlich-methodisches Problemverständnis, sich nur ein eingeengtes, gedankliches Modellkonstrukt vom vollkommenen Markt und idealen Wettbewerb zu machen. Wettbewerb ist volkswirtschaftlich, nach klassischem Verständnis, Preiswettbewerb aber kein Innovationswettbewerb. Diese Preis-Nachfrage-Modellkonstruktion ist nach volkswirtschaftlichem Verständnis nützlich und kann deshalb auf die Wirklichkeit mehr oder weniger angewandt werden. Fasst man dagegen den potentiellen technischen Fortschritt als eine Art „Obergrenze“ des aktuellen Standes der Ontogenese eines technischen Sachsystems und der Phylogenese auf, dann muss das Ausmaß, die Richtung und das vorläufige technische Ergebnis einer Unternehmsinnovation als Wettbewerb angesehen werden. Aus diesem Grund ist der Technology Based View nur schwer in ein mikroökonomisches Gleichgewichtsmodell eines Preiswettbewerbs zu integrieren, da alle Güter homogen sind.

Letztendlich setzt das Modell des vollkommenen Wettbewerbs Prämissen voraus, die die Innovation und den Technischen Fortschritt vernachlässigen und die technische, gesellschaftliche, wirtschaftliche Wirklichkeit sehr schlecht analysiert. Man findet nur partielle Zugeständnisse an den Technischen Fortschritt in volkswirtschaftlichen Modellen wider. Trotzdem versuchen einige Autoren mittels Prämissen in makroökonomische Modellen den Technischen Fortschritt wieder „einzufangen“ (vgl. Neue Institutionenökonomik): Diese zu kritisierenden Prämisse der mikroökonomischen Gleichgewichtsmodelle sind (vgl. Schreyögg, G.: Unternehmensstrategie, 1984, S. 8ff.):

[1] Homogenität der Güter, eine Prämisse die keine Innovation erlaubt.

[2] Vollständige Information der Marktteilnehmer, eine Prämisse die die empirische Realität der Unvollkommenheit ignoriert, d. h hier der Geheimhaltung von Betriebsergebnissen aus der Forschung und Entwicklung, Patente der Unternehmen, usw., die den Innovationswettbewerb erst auslöst.

[3] Unüberschaubar viele Anbieter und Nachfrager ohne preisliche Marktmacht, eine Prämisse, die Im Innovationswettbewerb durch ganz wenige Anbieter und zeitlich-räumliche „Monopolpreise", sich nicht halten lässt.

[4] Freier Marktzugang und-austritt, eine Prämisse die erst einmal definitorisch durch den Marktbegriff zu klären ist. Gerader der Market-Based-View behauptet, dass Innovationen neue Märkte schaffen, mit eigenen, neuen Wettbewerbsregeln und Unternehmensstrategien. Diese Prämisse der Mikroökonomie aber geht von einem gegebenen Markt aus und ein Markt kann nicht entwickelt werden.

[5] Unabhängigkeit der unternehmerischen und konsumtiven Entscheidungen der Marktteilnehmer. Auch diese Prämisse ist unter dem Blickwinkel des Technology-Based View kritisch zu betrachten. Unternehmen und Konsumenten können im Sinne der Ontogenese und Phylogenese technischer Sachsysteme deren Anwendung und Entstehung nicht ignorieren. Unternehmen werden die Innovation wählen, die sich nach der Logik der Ontogenese als „nächster", technisch-logischer Innovationsschritt für die Unternehmung ergibt. Die Konsumenten werden die Innovation wählen, die sie kinderleicht anwenden und verstehen können, und zwar aus ihrer bisherigen technischen und praktischen konsumtiven Erfahrung heraus.

[6] Ein total deduziertes Marktgleichgewicht setzt gewinnmaximierende Unternehmen/Unternehmer und nutzenmaximierende Konsumenten voraus. Unabhängig davon, ob sich

dieses behauptete Marktgleichgewicht axiomatisch überhaupt errechnen lässt. Die maximierenden Erfolge der Unternehmen mittels Innovationen werden kaum durch das mikroökonomische Marktmodell bestimmt, sondern durch den technischen Fortschritt, der aber leider im Modell nicht vorgesehen ist.

Als Zwischenfazit lässt sich konstatieren, dass das Innovationsmanagement in der Mikroökonomie ein vernachlässigter Themenbereich ist.

Folgt man an dieser Stelle nicht der Makroökonomie mit ihrem vernachlässigten technischen Fortschrittsverständnisses, z.B. in der sogenannten post-keynsianischen Wachstumstheorien von Domar und Harrod oder dem neoklassischen Grundmodell, dann kann man sinnvoller auf Pfeiffers Theorie des technischen Fortschritts eingehen.

Innovation kann mit Schumpeter als grundsätzlich neue Kombination von Produktionsmitteln verstanden werden, als eine „Andersverwendung des Produktionsmittelvorrates“[21], was den Lebenszyklus eines Unternehmens und den Lebenszyklus einer ganzen Branche bestimmt, so auch der Ansatz von Porter (vgl. unten den Market-Based View in Verknüpfung mit dem Resource-Based View) und was Innovationen zu einem entscheidenden Wettbewerbsfaktor macht, da sie es erlauben neue Wettbewerbsregeln einzuführen und alte Technologien zu „zerstören“, damit die bisherige Uhren-Branche nun z.B. Quarzuhren produziert und die bisherige mechanische Uhren abschafft oder z.B. Handy und Internet lösen das klassische Telefon ab. D.h.um ein weiteres Beispiel zu benutzen, der Erfolg des Apple-Unternehmens und deren Produkte wie iPod, Smartphone usw. verändern die technisch-ökonomischen Wettbewerbsspielregeln einer ganzen Branche. Bei einem gegebenen Stand der Technologie zeigt die gesamtwirtschaftliche Produktionsfunkti-

---

[21] Schumpeter 1964, S. 103 ff.; Die Voraussetzung für eine Andersverwendung sieht Schumpeter in der Verfügung über die Produktionsmittel, was in der Form von Eigentum und/oder Kredit möglich ist. Siehe auch die Prämissen des Market-Based View, der von einer Homogenität der Ressourcen aller Unternehmen ausgeht, im Gegensatz zu Schumpeter.

on den maximalen möglichen Output bei einem gegebenen Faktoreinsatz, wobei neben Kapital und Arbeit der technologische Fortschritt selbst als dritte unabhängige Variable eingezogen wird (wenn man den Boden und die Umwelt vernachlässigt). Zu fragen bleibt, inwiefern dieses gesamtwirtschaftliche Modell geeignet ist, der Unternehmung Informationen über die technologische Entwicklung zu geben, wie dies der Technology-Based View im Rahmen der Phylogenese von technischen Sachsystemen zumindest versucht.

Technologischer Fortschritt bzw. technologische Entwicklung kann aber auch damit zu erklären versucht werden, dass in ihm die „Erlangung neuen technischen Wissens" geschieht, wie es in den Theorien der Ontogenese von technischen Sachsystemen beschrieben wird. Damit wird der technologische Fortschritt auf Probleme der Wissensakkumulation bzw. der Gewinnung und Ausbreitung erfahrungswissenschaftlicher Informationen" reduziert bzw. auf eine Art rationale Erfindungslehre wie Triz, zurückgeführt. Dieser Ansatz einer Ontogenese in einem technischen Sachsystem wäre nach Werner Pfeiffer geeignet, bedarfsinduzierte (auf Käuferwünsche beruhende) und autonome (auf Forschungs-, Entwicklungs- und Konstruktionsergebnisse beruhende) Innovationen zu erklären und zu prognostizieren.[22]

1.2.2.1 Wissensakkumulation als Voraussetzung technischen Fortschritts und technischer Innovationen: Werner Pfeiffers Theorie der Technischen Entwicklung als Grundlage für technologische Voraussagen

Ausgehend von der Kritik betriebswirtschaftlich orientierten Untersuchungen zum Zusammenhang von Wirtschaft und Technik, die zwar den technischen Fortschritt als ein Zentralproblem einer innovativen Unternehmensführung erkennen und Fragen seiner Planung, Organisation und Kontrolle thematisieren, nicht aber

---

[22] Vgl. hierzu die Kritik Pfeiffers an Schmookler, der den technischen Fortschritt ausschließlich von der Nachfrageseite erklärt. Pfeiffer, W.: Allgemeine Theorie der technischen Entwicklung, Göttingen 1971, S. 23 f.

generelle"... Annahmen über die zukünftige Richtung, den zeitlichen Verlauf und die Wirkung des technischen Fortschritts..." zulassen, der „...aber weitgehend den empirischen Gehalt und damit die Brauchbarkeit dieser Prognosen..." bestimmt[23], lehnt Pfeiffer die Erstellung einer allgemeinen Theorie der technologischen Entwicklung mittels induktiver Methoden ab, die das Phänomen der technischen Entwicklung mit rein makroökonomischen Kategorien zu erklären suchen.[24] Er geht vielmehr von der These, das der technische Fortschritt „... in der Erlangung neuen technischen Wissens besteht"[25] Damit kann Werner Pfeiffer implizit als deutscher Nestor des Technology Based View und als Gründer und Forscher des deutschen Innovationsmanagements in der Betriebswirtschaft angesehen werden. Für Pfeiffer ist der Prozess der technischen Entwicklung jedoch nicht bloß als Wissensakkumulation innerhalb eines technischen „Sachsystems" zu verstehen. Auch die Lernprozesse des Ingenieurs werden isomorph zu Funktionsstrukturen des Sachsystems betrachtet, wie sie einem Regelkreis in der Systemtheorie zugrunde liegen.

Genau diesen theoretischen Weg verfolgt auch Ropohl mit seiner Habilitation „Eine Systemtheorie der Technik" 1979, fast zwanzig Jahre später, aber auch Röpke aus wirtschaftswissenschaftlicher Sicht. Röpke sieht in seinem Buch „Strategie der Innovation" in der Systemtheorie den geeigneten (formalen) theoretischen Erklärungsrahmen, den technischen Fortschritt als ein komplexes Neuerungsphänomen zu beschreiben und zu erklären, das bestimmt wird durch das Zusammenwirken von Individuum, Organisation und Markt, wobei er sich insbesondere mit den Grenzen und Paradigmen der neoklassischen Wachstumstheorie auseinandersetzt.[26]

---

[23] Pfeiffer, W. 1971, S. 16

[24] Vgl. Pfeiffers Kritik an Schmookler, siehe dazu Pfeiffer, W. 1971, S. 23 ff.

[25] Ebenda, S. 28

[26] Vgl. Röpke 1977, S. 79 ff.

1.2.2.2 Technischer Fortschritt als Informationsgewinnungsprozess

Pfeiffers Allgemeine Theorie der technischen Entwicklung beruht auf zwei grundlegenden Hypothesen:[27]

[1] Die Hypothese von der Isomorphie des Prozesses der technischen Entwicklung und des Informationsgewinnungs- und Informationsübertragungsprozesses.

[2] Die Hypothese von der technischen Entwicklung als einen sozialen Prozess.

Wird der technische Fortschritt in der Erlangung neuen technischen Wissens gesehen (vgl. dazu „wissensbasiertes Humankapital" z.B. im Forschungs-, Konstruktions- und Entwicklungsbereich der Unternehmung zu Erlangung immaterieller Wirtschaftsgüter wie Patente), kann das „…Problem der Produktion und Diffusion technischen Wissens (Überführung wissensbasiertes Humankapital in montagegerechter Konstruktion für die Produktion innovativer technischer Sachsysteme und zur kinderleichten und verständlichen Vermarktung dieser Innovationen, d. Verf.) ... auf das allgemeine Problem der Gewinnung und Ausbreitung erfahrungswissenschaftlicher Information (konkret heißt dies wissensbasiertes Humankapital in technologiebasiertes Humankapital an die Belegschaft zu überführen, und zwar mittels Personal- und Organisationsentwicklung in den Produktionsprozess und in das Innovationsmarketing im Unternehmen, d. Verf.) zurückgeführt werden."[28] Die zweite Hypothese besagt, dass dieser Informationsgewinnungsprozess als sozialer Prozess verstanden wird, d.h. er wird „…mit systematischen kooperativen menschlichen Aktien gleichgesetzt, die durch Institutionen koordiniert werden."[29] Dies impliziert, dass die Individuen in diesem Prozess als ersetzbar, austauschbar und vertretbar zu betrachten sind. Beim Innovationsmarketing wird oft auch der Diffusionsprozess neuer, technischer Sachsysteme berücksichtigt.

---

[27] Vgl. Pfeiffer, W. 1971

[28] Ebenda 1971, S. 28

[29] Ebenda 1971, S. 35 f.; so spricht Braun ähnlich von der „socialacitivitycalledtechnology". Braun 1984, p. 101 f.; vgl. auch Müller/Schierenstock 1977, S. 138 ff.

Bei der Analyse des Diffusionsprozesses von Innovation technischer Sachsysteme in seiner zeitlichen Dimension wird beispielsweise der Prozentsatz der Adoptoren festgestellt, der zu den unterschiedlichen Zeitpunkten die Neuerung akzeptieren. Mathematisch-theoretische Überlegungen als auch empirische Arbeiten zur Innovation und Diffusion von neuen Produkten, wie die von Brown[30] und Rogers[31], lassen erkennen, dass die S-Kurve oder die logistische Kurve bei einer großen Anzahl von Diffusionsprozessen von Neuerungen dazu geeignet ist, den zeitlichen Adoptionsprozessverlauf zu beschreiben. Die erste mathematische Ableitung der logistischen Kurve entspricht dem idealtypischen (Branchen-/Unternehmens-) Produktmarktlebenszyklus bzw. der Gaußschen Normalverteilung.[32]

Durch eine Kombination der zeitlichen und sozialen Dimensionen der Diffusion erbringen Rogers, Kiefer, Rogers und Shoemaker[33] u.a. wertvolle Anregungen wie, wann und warum Innovationen einen sozialen und technischen Informationsgewinnungs- und Verarbeitungsprozess bei Adoptoren und Innovatoren durchlaufen:

- Es wird der jeweilige Prozentsatz der Adoption festgestellt, der zu einem bestimmten Zeitpunkt die Innovation aufnimmt (zeitliche Dimension).
- Die Adopter werden je nach dem Zeitpunkt der Übernahme der Neuerung in Adopterkategorien eingeteilt (Innovatoren 2,5 %, frühe Adoptoren 13,5%, frühe Mehrheit 34 %, späte Mehrheit 34 %, Nachzügler 16 %), wobei der Bezugsrahmen dieser Kategorisierung aus dem sozialwissenschaftlich-statistisches Instrumentarium („Gaußsche Normalverteilung“) entnommen wird.
- Die Adoptorenkategorien werden in einem dritten Schritt mit den Ergebnissen und Methoden der Kommunikationsforschung

[30] Vgl. Brown 1979, S. 249 ff.

[31] Vgl. Rogers 1962, S. 161 ff.

[32] Vgl. Schütz 1975, S. 68 ff.; Nieschlag/Dichtl/Hörschgen 1988, S. 173

[33] Vgl. Rogers 1962, S. 161 ff.; Kiefer 1967, S. 48 ff., Rogers and Shoemaker 1971, p. 56 ff., p. 182, p. 305

in Verbindung gebracht, um die Adoptoren mit Fragestellungen der sozialen Schichtung zu analysieren.[34]

Das Interesse jedes einzelnen Adopters für eine Innovation durchläuft nach Rogers[35] verschiedene Stadien:

a. Aufmerksamkeit: Der Adopter weiß von der Innovation, hat aber noch keine einzelne Charakteristika der Innovation wahrgenommen oder erfahren.
b. Interesse: Der Adopter wünscht mehr über die Innovation zu erfahren.
c. Bewertung: Der Adopter überlegt, ob es vernünftig ist, die Innovation zu testen.
d. Versuch: Der Adopter macht in kleinem Ausmaß Erfahrung mit der Innovation, um einzuschätzen, ob sie für ihn brauchbar ist.
e. Aufnahme: Die Person beschließt, die Innovation regelmäßig anzuwenden.

Rogers und Shoemaker erfassen weitere fünf wahrgenommene Charakteristika der positiv angenommenen Innovation durch den Adopter im Rahmen des Aufnahmeprozesses eines neuen Produktes, nämlich die relative Vorteilhaftigkeit der Innovation gegenüber bisherigen technischen Problemlösungen/Sachsystemen, die Ein- und Anpassungsfähigkeit der Innovation in bestehenden (technischen) Strukturen, die nicht zu große Komplexität des Neuen, die Möglichkeit, mit der Innovation Versuche zu machen und Erfahrungen zu sammeln sowie die offensichtliche Anschaulichkeit des Vorteils.[36] Gerade die Vorstellung von Rogers and Shoemaker hat eine große Verbreitung bei der Strategie der Diffusion bei Neuproduktentwicklungen im Rahmen des Innovationsmarketings gefunden.

---

[34] Vgl. Nieschlag/Dichtl/Hörschgen 1988, S. 170 ff. und S. 477 f.

[35] Vgl. Rogers 1962, p. 162 ff.

[36] Vgl. Rogers/Shoemaker 1971, S. 42 ff.

Das Schwergewicht des Erklärungsansatzes von Pfeiffer liegt jedoch auf der ersten Hypothese, die im Folgenden zwecks der technologischen Voraussage bzw. der technologischen Prognose oder eines Technology Assessments näher dargestellt werden soll (vgl. Schmeisser 1997, S. 144 ff.).

Informationsgewinnung als Stufenprozess

Die Richtung der Induktionsprozesse der technischen Entwicklung lässt sich aufgrund der Isomorphie von technischer Entwicklung und Informationsgewinnung ableiten. Wissenschaftstheoretisch werden empirische Aussagen, die mit den metaphysischen, nicht nachprüfbaren Aussagen zusammen als synthetische Aussagen bezeichnet werden[37], sind mittels Erfahrung überprüfbar und werden als Informationen bezeichnet.[38] Dieser Informationsgewinnungsprozess lässt sich durch drei zeit- und raumunabhängige Grundprinzipien[39] näher charakterisieren:

[1] Das „methodische Fundamentalprinzip“ besagt, …“dass die mittels kognitiver Aktionen gewonnenen Aussagen über die Realität hypothetischen Charakter besitzen und dass ihre Gültigkeit anhand der Tatsachen selbst geprüft werden muss.“

[2] Das „Variationsprinzip“ besagt, dass der deduktiv gewonnene, naturwissenschaftliche, bewährte Informationsstand den Informationsgewinnungsprozess nicht zum Stillstand bringt, dass das technische Sachsystem vielmehr durch experimentelle Tätigkeit unter extrem variierten Bedingungen zu überprüfen ist.

---

[37] Vgl. Popper 1976, S. 8 ff.

[38] „Unter Information …soll demnach eine Aussage über die Existenz, die Struktur oder das Verhalten von Phänomenen verstanden werden, deren Form eine Prüfung durch Beobachtung zulässt“ (Pfeiffer, 1971, S. 38) Pfeiffer folgt wissenschaftstheoretisch sehr stark Popper, und wird bei seiner technischen Entwicklung zu allgemein.

[39] Vgl. Pfeiffer 1971, S. 43 ff.

[3] Das „Entlastungsprinzip“ besagt, dass „… die Auswahl der Probleme der Art nach und nach dem erwarteten Schwierigkeitsgrad ihrer Lösung“ davon abhängt, ob der Überlebensdruck in einer Gesellschaft sehr hoch ist und damit pragmatische Formen technischer Sachsysteme des Überlebens dominieren oder ob dieser Überlebensdruck gering oder gänzlich beseitigt ist, womit Spielräume frei werden zur Beschäftigung mit bisher unbekannten oder nicht erklärbaren technischen Phänomenen.[40]

Der Prozess der Informationsgewinnung verläuft als ein Stufenprozess, wobei die Information der Stufe m die Basis zur Gewinnung der Information der Stufe m+1 abgibt. Der Übergang von einer Stufe zur nächst höheren ist jedoch weder deduktiv noch induktiv ableitbar, sondern verläuft als ein Zufallsprozess, d.h., man kann auch von einer „stochastischen Input-Out-Beziehung“ sprechen.[41]Der Informationsgewinnungsprozess wird dabei begrenzt durch die Reichweite der bestehenden und akzeptierten wissenschaftlichen Theorien und Erklärungen, die gegebenenfalls den Einbau neuer Informationen erst nach einem „Akt schöpferischen Zerstörung“, im Sinne Schumpeters, erlauben.

Zum Prozess der technischen Entwicklung

Pfeiffer geht davon aus, dass der Prozess der technischen Entwicklung, als ein „Spezialfall“ des Informationsgewinnungsprozesses, in v.a. zwei verschiedenen Phasen abläuft, die nach der Endzielbestimmung der sie tragenden Individuen und Institutionen abgrenzbar sind. Während die Tätigkeit – rationales Handeln wird vorausgesetzt – in der naturwissenschaftlichen Phase“ auf die „…Gewinnung vollkommener Information über die belebte und unbelebte Natur durch Erklärung ihrer Entstehung“ – auf ein konkretes technisches Sachsystem – abzielt, ist die Tätigkeit in der „gütertechnischen Phase“ darauf gerichtet, „…Informationen zur Erweiterung des menschlichen Lebensspielraumes bzw. zur Minderung

[40] Ebenda, S. 48 ff.

[41] Vgl. Pfeiffer 1971, S. 55

des Überlebensdruckes durch Güterproduktion" zu erhalten. Die Annahme unterschiedlicher Interessenrichtungen in den beiden Phasen der technischen Entwicklung unterscheidet Pfeiffers Ansatz von Konzepten, die die technische Entwicklung überwiegend durch ihre Anwendungsorientierung erklären wollen und somit der unternehmerischen oder externen FuE-Tätigkeit eine dominierende Rolle zusprechen.

Neue naturwissenschaftliche Informationen haben direkte Bedeutung für das Ordnungsmodell der Naturwissenschaften, sie beinhalten jedoch lediglich eine potentielle Bedeutung, i.S. einer Handlungsanweisung für die Güterproduktion bzw. eines potentiellen technischen Sachsystems (Erfindung), auf die möglicherweise erst bei einem akuten Bedarf zurückgegriffen wird. Die Ingenieurwissenschaften beruhen auf zwei schöpferische Elementarmethoden, sie verarbeiten zum einen naturwissenschaftliche Informationen, die aufgrund von Beobachtung und Experiment gewonnen werden, z.B. in technischen Sachsystemen mittels Messversuchen und Messgeräten, die bereits potentielle Erfindungen kreieren können. Zum anderen beruhen sie auf der Konstruktion, d.h. der zweckgerichteten Ordnung und Gruppierung bekannten Wissens aus Patenten, der Erfinderlehre und/oder Triz. Dies erklärt, dass die technische Entwicklung aufgrund experimenteller, auf Erfahrungswissen beruhender angewandter Forschung und Entwicklung Produkte bereits dann möglich sind, wie bei der tausendjährigen Stahlerzeugung, wenn eine naturwissenschaftlich theoretische Erklärung komplexer Probleme noch aussteht oder erst gerade gefunden wurden (erst seit den ca. 1960er Jahren kennt man die naturwissenschaftliche Erklärung und Analyse der Stahlerzeugung).

Die Mechanismen der (Prozess-) Induktionen der technischen Entwicklung können aufgrund der Isomorphie mit den Induktionsmechanismen des Prozesses der Gewinnung gütertechnischer Information gleichgesetzt werden. Der Induktionsmechanismus wird ausgelöst durch den „Bedarf", verstanden als „…ein bewusstes Verlangen nach einer Überlebenschance, d.h. nach einem Gut…"[42] Hierbei sind zwei Mechanismen der „technischen" Bedarfsentstehung zu unterscheiden, die den Induktionsmechanismen

[42] Pfeiffer 1971, S. 94

des Prozesses der Gewinnung gütertechnischer Information entsprechen, und zwar die „Bedarfs-Induktion“ und die „autonome Induktion“[43]

Die technische Entwicklung ist dann bedarfsinduziert, wenn „... permanent objektiv neue Lücken und Mängel im System der Bedarfsentstehung...“ sich eröffnen. “Der Vorgang des Erkennens dieser Lücken und Mängel ist mit einem Lernprozess isomorph und unterliegt den gleichen Gesetzen.“[44] Diese objektiv neuen Informationen über Lücken und Mängel bei der Bedarfsdeckung stellen gleichzeitig `potentielle gütertechnische Informationen` eines zu erfindenden technischen Sachsystems dar, da sie einen Handlungsimpuls bedeuten, entsprechende Güter zu produzieren bzw. die hierzu erforderlichen Informationen mittels bisherigen Patenten und/oder einer Erfinderlehre zu gewinnen. Das tatsächliche Ergebnis der Problemlösung bei der technischen Bedarfsdeckung kann bei den von Pfeiffer identifizierten fünf „Typen gütertechnischer Probleme“ positiv oder negativ sein[45]:

a. Positive Problemlösung: die Lösung ist voll befriedigend
b. Positive Problemlösung: die Lösung ist jedoch technisch, ökologisch oder ökonomisch unbefriedigend; es wird eine verbesserter Lösung angestrebt, wobei das erforderliche konstruktive Wissen z.B. aus einer Erfinderlehre vorhanden sein kann oder nicht.
c. Negative Problemlösung: das konstruktive Wissen ist zwar vorhanden, neuere konstruktive Basiselemente fehlen aber noch teilweise.
d. Negative Problemlösung: das konstruktive Wissen ist nicht vorhanden.
e. Leerstelle für nicht erkannte Probleme.

Neben diesen bedarfsorientierten Typen, abgeleitet aus der Bedarfs-Induktion, besteht ein weiterer Mechanismus, der der „autonomen Induktion“, der realiter vorhanden ist, da technische Potentiale auch ohne das Bestehen von aktuellen Bedürfnissen hervorge-

---

[43] Ebenda, S. 94 ff.

[44] Ebenda, S. 95

[45] Ebenda, S. 97

bracht werden können, und zwar zum einen durch naturwissenschaftliche Informationen, die potentiellen Gutscharakter besitzen (Die Suche nach Röntgenstrahlen erfordert die Entwicklung von Messgeräten, die diese Strahlung erfassen, und die später als medizinische Geräte weiterentwickelt werden konnten), zum anderen durch nicht intentierte „Kuppelprodukte", die bei der gütertechnischen Phase der Informationsgewinnung im FuE-Bereich anfallen (Die Suche nach neuen Werkstoffen führt zum Nylon und damit zum durchsichtigen Damenstrumpf, ein Produkt, das erst durch sein Vorhandensein einen Bedarf auslöste). Die autonome Induktion der technischen Entwicklung setzt jedoch einen weiteren Informationsgewinnungsprozessschritt voraus, da die Bedarfsrelevanz der potentiellen Güter bzw. technischen Sachsysteme zunächst erkannt werden muss. Danach löst die autonome Induktion weitere, zunächst güterwirtschaftliche Impulse aus, wie die technische Umsetzung experimenteller Anordnungen in Produktionsverfahren (vgl. Prozessinnovationen), was unter Berücksichtigung ökonomischer Kriterien weitere technische Entwicklungen anregt (vgl. Pfeiffer 1971, S. 91 ff.).

Die Bedarfsrelevanz und die ökonomische Bewertung von Innovationen wird durch die wirtschaftliche Bedarfsdeckung zweckentsprechender Produkte aus dem naturwissenschaftlich-technischen Potential „herausfiltert". Bedarfsinduktion und autonome Induktion wirken ihrerseits wieder auf die technische Entwicklung und den naturwissenschaftlich-technischen Erkenntnisprozess zurück und damit implizit auf die Voraussagbarkeit von Innovationen.

1.2.3 Möglichkeiten technologischer Voraussagen

Die „Prognose" der technischen Entwicklung stellt einzel- sowie gesamtwirtschaftlich ein Teilproblem der Strategischen Planung dar, da sie einerseits als Grundlage weiterer gesellschaftlicher Planung des Staates dienen soll, sie andererseits für die Unternehmung selbst direkter Gegenstand der „Innovationsplanung und damit Teil des Strategischen Managements" ist.[46] Eine solche Prognose im strengen wissenschafts-theoretischen Sinne des kritischen Rationa-

---

[46] In Anlehnung an Pfeiffer 1971, S. 110 ff.

lismus kann definiert werden als"...Deduktion zukünftiger Phänomene aus einer gegebenen Theorie und aus gegebenen singulären Anfangsbedingungen, die in der Sprache dieser Theorie beschrieben sind."[47] Der logischen Struktur nach unterscheiden sich Erklärung und Prognose nicht.[48] Nach Popper ist ein Vorgang (Explanandum)dann kausal erklärt, wenn er aus allgemeingültigen, raum- und zeitunabhängigen Theorien, Gesetzen oder Hypothesen und mindestens einer singulären Rand- und Antezedenzbedingung (Explanans) deduktiv abgeleitet werden kann. Im Gegensatz zur Erklärung muss bei einer Prognose im strengen Sinn das Explanans in der Gegenwart gegeben sein, während das Explanandum in der Zukunft liegt und gesucht wird.[49] Für Sozial- und Wirtschaftswissenschaftler ist jedoch eine Wissenschaftsauffassung, die nur deduktiv-nomologische Erklärungen zulässt, zu eng.[50] Überwiegend werden hier deduktiv-statistische und induktiv-statistische Voraussagen abgegeben, d.h., es werden die theoretisch allgemeinen Gesetze durch "Quasi-Gesetze" und „empirische Regelmäßigkeiten" ersetzt, die über den Eintritt künftiger Ereignisse Wahrscheinlichkeitsaussagen zulassen, auch wenn für den Begründungszusammenhang noch keine erklärenden Theorien zur Verfügung stehen.. In der bisherigen technologischen Voraussagepraxis wurden und werden jedoch Voraussagen überwiegend aufgrund subjektivermöglicher Wahrscheinlichkeiten getroffen, wie z.B. bei Kreativitätstechniken, die als Vorausmethoden genutzt werden und die damit nicht mehr intersubjektiv überprüfbar sind.[51] Vorausgesagt werden dann erwartete plausible und damit mögliche Entwicklungen mit meist mehreren Alternativen, die vom Eintritt der jeweiligen An-

---

[47] Ebenda, S. 111

[48] Vgl. Urban 1973, S. 13ff.; Popper 1976, S. 31 ff.

[49] Vgl. Lenk 1972, S. 14 ff.; Urban 1973, S. 7 ff.

[50] Zur Gültigkeit von Induktionsschlüssen vgl. Popper 1976, S. 3ff.; von Alemann 1984, S. 28 ff.

[51] Vgl. Lenk 1972, S. 20 ff., Bekannte Kreativitätstechniken für Prognosezwecken sind der Relevanzbaum und der inverse Relevanzbaum, Szenariotechnik oder die Delphimethode.

fangs- und Randbedingungen abhängen.[52] „Zeitraumüberwindende, deduktiv-nomologische Prognosen", wie das Gravitationsgesetz in der Physik, sind in den Sozialwissenschaften nicht möglich, da zum einen keine Theorie bzw. allgemeingültige Gesetze vorhanden sind, zum anderen die Antezedenz- und Randbedingungen oft selbst in der Zukunft liegen und veränderlich sind, so dass auch sie mittels allgemeiner – aber realiter nicht vorhandener – Sätze prognostiziert werden müssten, was dann zu einem unendlichen Prognoseregress führen würde.[53]

Der von Pfeiffer konstruierte Informationsgewinnungsprozess, der einen „…Informationsgewinn nur durch Zerstörung und Umbau des seitherigen theoretischen Bezugssystems"[54] zulässt, ist zufallsbedingt und kein logisch-deduzierbarer Akt. Daher ist auch eine Prognose der Art und Weise sowie der Richtung der güterwirtschaftlichen (Technischen) Entwicklung nicht möglich. „Das einzige Verfahren, sich über die zukünftige Richtung der gütertechnischen Entwicklung zu orientieren, …ist die Antizipation der zukünftigen Entwicklungsschritte bzw. der sie repräsentierenden gütertechnischen Information durch deren Produktion bzw. Gewinnung. Das heißt, dieses Verfahren … ist mit einem Informationsgewinnungsprozess isomorph."[55]

Werden die Induktionsmechanismen der technischen Entwicklung als Mechanismen der Richtungssteuerung angesehen, ergeben sich bezüglich der Voraussage der technischen Entwicklung drei methodische Ansatzpunkte[56]:

[1] Potentialorientierte Voraussage: ausgehend von der gegebenen naturwissenschaftlich-technischen Information bzw. den gütertechnischen Entwicklungen wird ver-

---

[52] Vgl. Wild, Jürgen, spricht hier nicht mehr von Voraussagen, sondern von bloßen subjektiven Erwartungen bzw. Annahmen. Vgl. Wild, J., 1981, S. 92 ff.

[53] Vgl. Urban 1973, S. 51 ff.

[54] Pfeiffer 1971, S. 111

[55] Ebenda, S. 112 f.

[56] Ebenda, S. 114 ff. und vgl. Staudt, E. 1974, S. 38 ff.

sucht, ihre gütertechnische Bedeutung zu antizipieren (z.B. beim Elektroauto)

[2] Bedarfsorientierte Voraussage: es wird versucht, den zukünftigen Bedarf zu antizipieren sowie die hierzu notwendigen technischen Lösungsmöglichkeiten (Altersgerechte Produkte bei einem demographischen Wandel).

[3] Synopse von potential- und bedarfsorientierten Voraussage: wegen der Rückkoppelungsbeziehungen zwischen den beiden Induktionsmechanismen sowie des sozialen Prozesscharakters der technischen Entwicklung sind das zukünftige Wollen und Handeln der Individuen und Gruppen zu antizipieren (z.B. Elektroautos, die automatisch „ohne" aktive greise Fahrer ihr Ziel erreichen, also altengerecht sind).

Im Unterschied zum gütertechnischen Informationsgewinnungsschritt entfällt bei der Voraussage eine experimentelle Überprüfung der zugrunde gelegten Gesetze, was durch einen kritischen Diskurs zu ersetzen ist.[57]

Im Rahmen einer Strategischen Management-Planung ist es erforderlich, beide Voraussagearten anzuwenden, da bei alleiniger Anwendung der bedarfsorientierten Voraussage von festgelegten Sachzielen ausgegangen wird und daher die Auswahl sowie die ökonomische Bewertung der gesuchten Problemlösungsalternativen in einem frühen Stadium erfolgen würde. Hierdurch würden die zukünftigen Möglichkeiten im Extremfall auf die Durchführung einer Maßnahme zur Zielerreichung eingeschränkt. Änderungen der Bedarfs- und/oder der Problemstruktur aufgrund sich wan-

---

[57] Vgl. Staudt 1974, S. 46 ff.; Wild 1981, S. 70 ff. zu den Möglichkeiten und Grenzen eines Technology Assessment; vgl. Braun 1984, S. 98 ff.; bislang ist es noch nicht gelungen, die künftige Entwicklung von Werthaltungen vorauszuschätzen; weshalb solche Annahmen, z.B. über eine postindustrielle Gesellschaft, bloße Behauptungen bleiben. Hier mit Bezug auf das Beispiel im Punkt (3) heißt dass, die Menschen können vielleicht in fünf Jahren gar kein selbstfahrendes Elektroauto haben wollen.

delnder gesellschaftlicher Verhältnisse und Werthaltungen (Mode, Politik und andere werthaltige Anschauungen) sowie neuer technischer Entwicklungen (Erfindungen und Innovationen) werden mit dieser Art von Voraussage jedoch nicht erfasst.

Mit Hilfe der potentialorientierten Voraussage lassen sich weitere mögliche Ziele für die Unternehmung finden und können bisherige relativiert werden. Wirken bedarfsorientierte und potentialorientierte Voraussagen zusammen, kann im Idealfall ein Iterationsprozess erreicht werden. Geht man von den von Pfeiffer zugrunde gelegten Induktionsmechanismen als „allgemeinem Gesetz" der technischen Entwicklung aus, liegen die Probleme v.a. im Bereich der Diagnose, die auf die Voraussage und die Festlegung der Antezedenz- und Randbedingungen durchschlagen.[58]

Problemerkenntnis und -lösung sind abhängig vom Stand des aktuellen verfügbaren Wissens. Es ist jedoch nicht möglich, alle relevanten Einflussfaktoren und Anfangsbedingungen für das vorauszusagende Ereignis zu erfassen. In der Praxis hilft man sich dadurch, dass die nicht berücksichtigten bzw. nicht erfassten variablen geschätzt bzw. als konstant gesetzt werden, was dem Schließen eines offenen Modells bzw. Systems entspricht. Diesem Vorgehen liegt implizit die sog. Zeitstabilitätshypothese zugrunde, d.h. die Annahme, dass sich die in der Vergangenheit wirksamen Ursache-Wirkungszusammenhänge in der absehbaren Zukunft nicht ändern.

Die Selektion von Informationen ist abhängig von den Interessen und subjektiven Wertungen der Prognostiker. Es hat sich gezeigt, dass in Zeiten einer grundsätzlich positiven Haltung zum technischen Fortschritt die Voraussagen zu einer Überschätzung der technischen Entwicklungsmöglichkeiten tendieren (z.B. Atomenergie), während nach Fehlschlägen pessimistische Voraussagen abgegeben werden.[59]

Für die Technikvoraussagen stellt die Datenbeschaffung oftmals ein Problem dar, was dazu führt, dass häufig Induktionsschlüsse

---

[58] Vgl. Staudt, S. 51 ff; v. Alemann 1984, S. 39 ff.

[59] Vgl. Ayres mit zahlreichen Beispielen, Ayres 1971, S. 38 ff.

aufgrund von Fallstudien gezogen werden.[60] Da für die Ursachenanalyse oftmals keine „bewährten Theorien" zur Verfügung stehen, wird diese dann auf der Grundlage von Plausibilitätsannahmen und ad-hoc-Hypothesen vorgenommen. Ein bedeutsames Voraussageproblem liegt in der Beendigung des infiniten Prognoseregresses der Antezedenz- und Randbedingungen durch eine Schließung des Modells, so dass dann innerhalb eines geschlossenen Modells argumentiert werden kann. D. h., nur innerhalb des Modells ist dann die Voraussage von Variablen möglich, unter der Fehlerproblematik Drittvariable „zu vergessen" bzw. „Schwache Signale" im Sinne von Ansoff zu übersehen. D.h. die Übereinstimmung solcher Voraussagen mit geschlossenen Modellen mit der Realität hängt dann davon ab, ob die gesetzten Randbedingungen sich in der Realität nicht abweichend verhalten und ob alle Einflussfaktoren erfasst wurden.[61]

Da für eine kausale Begründung der Voraussagen meist keine theoretische Basis vorhanden ist, beruht sie stark auf den im statisch-induktiven Modell angenommenen Beziehungen (Cluster- und Faktoren-Modells). Die Wahl eines linearen oder exponentiellen statistischen Entwicklungsverlaufs oder Annahmen über die Abhängigkeit von Variablen bestimmen das Ergebnis der Voraussage.[62] Damit zeigt Pfeiffer einen grundsätzlichen Weg auf, wie neue Geschäfte für ein Unternehmen bzw. Erfindungen und/oder Innovationen gefunden werden können. Erst mit seiner später entwickelten Technologieportfolioanalyse[63] beschreibt Pfeiffer, leider nur qualitativ, eine genauere Anwendung seiner Theorie der technischen Entwicklung für einen Industriebetrieb. Pfeiffer verweist z.B. auf eine Strategische Patentanalyse sowie auf ein heuristisches Vorgehen mit Hilfe der Systemtechnik, wie dies von Ropohl[64] ca. zwanzig Jahre später eingelöst wird.

---

[60] Vgl. Brockhoff 1977, S. 51 f.: Generell sind der Informationsbeschaffung zeitliche, personelle und kostenmäßige Grenzen gesetzt.

[61] Vgl. Pfeiffer 1971, S. 113; Urban 1973, S. 51 ff.

[62] Vgl. Popper 1976, S. 31 ff.

[63] Vgl. Pfeiffer u.a. 1983, S. 77 ff.

[64] Vgl. Ropohl 1979, S. 269 ff.

1.3 Neue Institutionenökonomik: Vom Abrücken nicht nützlicher volkswirtschaftlicher Grundannahmen einer mikroökonomischen Gleichgewichtstheorie hin zu einem patentgeschützten Innovationswettbewerb

Burr (vgl. Burr, 2004, S. 57 ff.), dem hier gefolgt wird, konstatiert, dass sich in der wirtschaftswissenschaftliche Literatur noch kein Wettbewerbsbegriff durchgesetzt hat bzw. strittig ist, wie Wettbewerb institutionalisiert und ausgelöst werden könnte. Unklar unter anderen ist, wie der Wettbewerb wahrscheinlich verläuft und/oder welche Ergebnisse er zeigt bzw. aufweisen könnte, und welche Rolle dabei die Innovationen und die Patente einnehmen. Dass durch die Innovationen zumindest der Versuch unternommen wird, Wettbewerber auszuschalten oder zu übertrumpfen, wird von Picot u.a. (vgl. Picot/Schneider/Laub 1989, 360) fast im Sinne von Schumpeters „Schöpferische Zerstörung" unterstellt.

Burr disputiert dazu die relevanten volkswirtschaftlichen Ansätze:

Zum statischen Wettbewerbsgleichgewicht und dessen Funktionen für Innovationen

Das Modell des vollkommenen Wettbewerbs galt lange Zeit als Referenzmodell der Wettbewerbstheorie und der Wettbewerbspolitik:

> „Vollkommene oder homogene Konkurrenz oder vollkommener Wettbewerb herrscht dann, wenn auf einem Markt nur gleiche (homogene) Güter angeboten werden und für diese Güter nur ein einziger Preis möglich ist. ...Man bezeichnet daher auch die vollkommene Konkurrenz als eine Marktform, für welche das Prinzip der Preisunterschiedslosigkeit gilt. Dieser Grundsatz kann nur verwirklicht werden, wenn sachliche und persönliche Bindungen und Beziehungen bei den Tauschpartnern keine Rolle spielen und wenn alle Nachfrager den gesamten Markt zu überblicken vermögen" (Karl Häuser: Volkswirtschaftslehre, Hamburg 1967, S. 86 f.)

Daraus lässt sich folgern, dass jede Innovation die auf Heterogenität und Preisunterschiede wert legt das vollkommene Wettbewerbsmodell in Frage stellt, ein Patent würde darüber hinaus die Problematik des Gleichgewichtsmodells noch verstärken.

Dass dieses volkswirtschaftliche Wettbewerbsmodell nicht zu halten ist, machte Kantzenbach und von Hayek mit ihren Funktionen eines dynamischen Wettbewerbsmodell deutlich, indem sie zwar die Funktionen des statischen Modells beibehielten, aber dynamische Funktionen eines realitätsnäheren Modells hinzufügten.

(A) Funktionen des statischen Wettbewerbsmodells

[1] **Ziel und Funktion ist die Ausrichtung der Produktion an die Präferenzstruktur der Nachfrager:** „Diese Funktion erfüllt der Wettbewerb, indem das Erbringen markt- und kundengerechter Leistungen durch Gewinne belohnt, das Angebot von Leistungen, die den Kundenpräferenzen nicht entsprechen, durch Verluste, im Extremfall mit dem Zwang zum Ausscheiden aus dem Markt bestraft wird." (Burr 2004, S. 59 f.)

[2] **Optimale Allokation der Ressourcen:** „Unternehmen werden durch (den marktwirtschaftlichen, d. Verf.) ... Wettbewerb zur Aufspürung und Erschließung von Effizienzreserven und zur Auswahl der kostenminimalen Faktorkombination gezwungen" (Burr 2004, S. 60)

[3] **Ziel und Funktion ist die Generierung einer am Leistungsprinzip orientierten „gerechten" Einkommensverteilung:** „Wettbewerb verhindert das Entstehen nicht-leistungsbezogener Gewinne bzw. Einkommen" (Burr 2004, S. 60)

Das Modell der vollkommenen Konkurrenz wird seit Jahrzehnten kritisiert. Hayek (1976, S. 122 f.) stellt dem statischen Wettbewerbskonzept der Neoklassik eine dynamische Betrachtung des Wettbewerbsprozesses gegenüber. Hayek betrachtet den Wettbewerb als Entdeckungsverfahren beim Suchen, Finden und Entdecken neuer

Problemlösungen, d.h. neue Produkte und Produktionsverfahren zu finden. Dabei können im Rahmen des Wettbewerbsprozesses konkrete Ergebnisse nicht vorausgesagt werden. Damit werden von Hayek, im Vergleich zu Pfeiffers Theorie der technischen Entwicklung mehrere Aspekten nicht ins Kalkül gezogen. Er negiert und/oder nimmt nicht die autonome Induktion im technisch-naturwissenschaftlichen Bereich zur Kenntnis, er kennt die Theorien der Ontogenese und der Phylogenese nicht und er kennt auch nicht die Möglichkeiten der Technikprognose sowie erkennt begrenzt der „schöpferischen Zerstörung“ durch neue technische Sachsysteme nach Schumpeter an.

(B) Funktionen des dynamischen Wettbewerbsprozesses

[1] Verwirklichung des technischen Fortschritts: Wettbewerb wird durch Nachfrage induziert. Damit leistet der Wettbewerb einen Beitrag zum technischen Fortschritt. Unter dem Druck der induzierten Nachfrage werden Unternehmen gezwungen in Innovationen zu investieren, um wettbewerbsfähig zu bleiben.

[2] Ziel und Funktion ist eine flexible Anpassung der Produktion und der Fertigungstechnologie an Änderungen der Nachfrage oder Änderungen staatlich festgesetzter Rahmenbedingungen, z.B. beim Katalysator beim Auto (vgl. Kantzenbach 1967, S. 16 f): „Wettbewerb ist eine Voraussetzung für das allokativ effiziente Funktionieren des Preismechanismus. Das Preissystem sorgt dafür, dass sich die Zusammensetzung des Güterangebotes flexibel an Änderungen der Konsumentenpräferenzen anpasst und die Produktionsfaktoren gemäß den Wünschen der Nachfrager in neue Verwendungen gelenkt werden.

Kritisch ist dazu anzumerken das ein „Innovationswettbewerb“ nach Schumpeter mit Schöpferischer Zerstörung bisheriger technischer Sachsysteme eher Monopolpreise am Anfang einer technischen Entwicklung hervorbringt, unterstützt durch den Schutz intellektueller Eigentumsrechte, als ein „idealtypischen Preiswettbewerb". Hinzu kommt, dass grundlegende Innovationen (vgl. autonome Induktion bei Pfeiffer 1971) fast nie durch Nachfrage ausgelöst werden, höchstens später durch Nachfrage diffusionsmäßig verstärkt werden können.

Auch die Anfänge der Patentgesetzgebung nimmt in der Neuzeit den Gedanken auf, dass Technik und Produkte durch geniale Entdecker, Forscher, Erfinder verursacht werden, die zumindest ein zeitliches Monopol haben sollten, um die wirtschaftliche und technische Entwicklung lohnenswert zu verwerten.

„Bei den institutionsökonomischen Ansätzen ...stehen Fragen der Institutionengestaltung (insbesondere der Vertrags- und Organisationsgestaltung) im Mittelpunkt der Betrachtung" ... "Ausgangspunkt dieser Ansätze ist die Annahme, dass menschliches Verhalten durch Institutionen koordiniert und gelenkt wird." (Burr 2004, S. 99)

Ansätze der Neuen Institutionenökonomik sind:

- Property-Rights-Theorie
- Transaktionskostenansatz und die
- Agency-Theorie,

auf die hier weniger eingegangen werden sollen, wegen folgender Annahmen:

„Alle institutionen-ökonomischen Ansätze teilen die gleichen Verhaltensannahmen und Anwendungsvoraussetzungen; die Analyse ist geprägt vom methodologischen Individualismus, d.h. dem Grundsatz, dass Entscheidungen auf der Ebene des Individuums analysiert werden. Dementsprechend werden Ziele nur dem handelnden Individuum und nicht dem Kollektiv von Individuen, wie es beispielsweise ein Unternehmen unterstellt bzw. zugeschrieben wird (vgl. Knudsen 1995, S. 189, zitiert nach Burr 2004, S. 100)". Auch werden die institutionen-ökonomischen Ansätze als Kritik und Antwort auf die klassischen Wettbewerbsmodelle verstanden, nämlich durch folgende Annahmen: (a) der beschränkten Rationalität des Individuums, das nur (b) eine beschränkte Informationsaufnahme- und Informationsverarbeitungskapazität besitzt und mit (c) satisfizierenden Handlungsergebnissen zufrieden ist.

1.4 Zum Strategieansatz der Industrial-Organizations-Forschung oder zum Market-Based-View einer Branchenstrukturanalyse und eines Marktgestaltungsansatzes des innovativen Strategischen Managements

Strategisches Management und Unternehmensführung ist erst einmal ein deutlicher Kontrast zu den klassischen Gleichgewichtsmodellen und neoklassischen Modellen der Property Rights-Ansätze der Volkswirtschaft. Strategisches Management unterliegt nicht den Gesetzen der Volkswirtschaft und beabsichtigt selbst Unternehmenswachstum durch Innovationsmanagement und/oder Mergers-and Acquisitionsaktvitäten[65] „nicht marktwirtschaftlich zu erdulden", sondern zu kreieren. Gleichgültig, ob man Strategisches Management mehr als Gestaltungslehre zu einer innovativen Neuorientierung versteht oder zur Erklärung der innovativen Handlungsweisen und -ergebnisse von Unternehmen heranzieht. Die Strategie setzt immer eine Entscheidung zur Gestaltung der Unternehmenssituation, der Wahl der Ressourcenverwendung und des Produkt-Markt-Konzeptes voraus, und zwar mit zentralen Wettbewerbsschwerpunkten, der Neuausrichtung der Organisation und des Führungskonzeptes sowie der Messung des Erfolges z.B. mit Hilfe einer Berliner Balanced Scorecard. Typische innovative Strategien sind der Eintritt in neue Märkte mit neu entwickelten Produkten und Technologien.[66]

Industrial Organization gilt als integriertes Paradigma von volkswirtschaftlicher Marktanalyse und betriebswirtschaftlicher Unternehmensstrategie. Bain[67] und Mason[68] gelten als Gründer des Industrial Organization-Approaches mit dem Structure-Conduct-

---

[65] Vgl. Müller-Stewens, G. und Lechner, C., 3. Aufl., 2005 sowie Müller-Stewerns, G. und Breuer, M. Corporate Strategy&Governance, 2009

[66] Vgl. Schreyögg, G,. 1984, S. 5

[67] Vgl. Bain, J. S.: Industrial Organization, 2nd ed., N.Y. 1968

[68] Vgl. Mason, E.S., Economic concentration and the monopoly problem, Cambridge/Mass. 1957

Performance-Paradigmas. Als eines der herrschenden Paradigmen der Strategieforschung (Market Based View) wurde es aber erst durch die Arbeiten von Michael Porter 1980 bekannt (Competitive strategy auf Deutsch: Wettbewerbsstrategien), aber auch und 1985 durch Competitive Advantage (auf Deutsch: Wettbewerbsvorteile).

Porter veränderte das Structure-Conduct-Performance-Paradigma von Bain und Mason zur Branchenanalyse-Wettbewerbsstrategie(n)-Wertschöpfungskette-Performance- Kausalität um. Dabei werden nach Burr[69] unterschiedliche Hypothesen innerhalb der Industrial-Organization-Forschung geäußert:

- Die herrschende Ansicht hebt die strukturierte Perspektive hervor, nämlich dass die Marktstruktur, das Unternehmensverhalten (nach Porter die rationale Unternehmensstrategie) und damit die Unternehmensperformance bestimmt.
- Die abweichende Meinung postuliert einen umgekehrten Zusammenhang, dass die Unternehmensperformance, z.B. der RoI, die Unternehmensstrategie und dadurch auch die Markt-/Branchenstruktur bestimmt.

Der Market-Based-View bzw. der Ansatz Industrial Organizations der Strategieforschung geht nach Burr von folgenden Prämissen aus, die auch kritisch zu beurteilen sind.

a. Die primäre Analyseeinheit des Market Based View ist die Branche. Nach Porter stehen bei der Branchenanalyse die Wettbewerber des Unternehmens selbst im Fokus, aber auch die Lieferanten, die potentielle Konkurrenz, Substitutionsprodukte sowie die Abnehmer/Kunden sowie die vom Unternehmen realisierten Produkt-Markt-Kombinationen im Rahmen eines strategischen Verhaltens. Wie man zu der Innovation der Produkt-Markt-Kombination kommt, wird

---

[69] Vgl. Burr, W.: Innovationen in Organisation, Stuttgart 2004, S. 140 ff.

nicht thematisiert (hier fehlt der Ansatz Technology Based View).

b. Managerhandeln wird als mehr oder weniger rational modelliert. „Entscheidungen des Managements streben die Erreichung eines (mikroökonomischen, d. Verf.) stabilen Gleichgewichtzustandes in Form eines dauerhaften und Wettbewerbsvorteils an“ (Burr 2004, S. 141) Wie dies praktisch in einem Unternehmen aus den Zahlen des Rechnungswesens kalkuliert werden soll oder im Rahmen einer Branchenanalyse mikroökonomisch konkret erfolgen kann, bleibt ungeklärt.

c. Die unternehmerische Ressourcenausstattung wird als exogen gegeben modelliert oder es wird davon ausgegangen, dass ein Unternehmen, nachdem es sich für eine bestimmte Wettbewerbsstrategie entschieden hat, die für die Strategieimplementierung erforderlichen Ressourcen friktionslos und unproblematisch erwerben bzw. aufbauen kann (vgl. Teece/Pisano/Shuen 1997, S. 514) (Burr 2004, S. 141). Dass die Innovation die Differenzierungsstrategie oder Kostenführerschaftsstrategie bestimmen könnte, wird nicht in Erwägung gezogen. Ebenso wird auch nicht in Erwägung gezogen, wie das Humankapital z.B. des Resource-Based View die Innovation und die Strategie beeinflussen kann. Fairerweise muss herausgestellt werden, dass Porter die Bedeutung des Resource-Based-View zumindest anerkannt hat.

d. Die Unternehmen einer Branche werden grundsätzlich als homogen, d.h. als ökonomische Einheiten mit qualitativ weitestgehend identischer Ressourcenausstattung modelliert (vgl. Barney 1991, S. 100 sowie Peteraf 1990, S. 10 ff.). Unterschiede zwischen verschiedenen Unternehmen werden auf Unterschiede in der Untergröße und in der ökonomischen Performance, d.h.in den erzielten Renditen, reduziert (vgl. Teece/Pisano/Shuen 1997, S. 511 sowie Conner 1991, Burr 2004, S. 141). Kritisch ist an dieser Prämisse anzumerken, wie dies bereits bei Burr selbst herausgehoben wird, dass bei innovativen Unternehmen nicht von homogenen Einheiten auszugehen ist. Gerade durch ihre Ressourcenausstattung und ihr wissensorientiertes und technologisches

Humankapital, so der Berliner Ansatz, können Unternehmen neue Wettbewerbsregeln schaffen und die Marktstruktur, die Strategie und das Renditeergebnis enorm verändern. Das beste Beispiel hierzu bildet sicherlich Apple, dass einer Branche seit Jahren seine Spielregeln durch Innovationen und deren Vermarktung aufoktroyiert.

Der Berliner Ansatz konstatiert zu den Prämissen, des Strategieansatzes des Market-Based-View, dass dieser betriebswirtschaftlich-technisch erweitert und verbessert werden kann, damit man zu einem realistischeren Innovationsmanagementansatz kommen kann, und schlägt deshalb weitere Prämissen vor:

a. Zuerst einmal die Integration des Technology View-Ansatzes in den Market-Based View-Ansatzes, da dieser zumindest erklärt, dass die Erfindung und die Innovation vorhanden sein müssen, um eine neue Produkt-/Markt-Kombination als Differenzierungsstrategie zu starten. Dadurch ergeben sich die potentiellen Möglichkeiten, die Branche zu gestalten und neue Wettbewerbsregeln in der Branche zu implementieren.
b. Zweitens muss im Market-Based-View als weitere, notwendige Bedingung der Resource-Base-View berücksichtigt werden, unter besonderer Berücksichtigung des Humankapitals. Das wissensbasierte Humankapital schafft die Innovation, in dem das Innovationsmanagement die Innovation vom Forschungs- und Entwicklungsbereich in den operativen Bereich der Wertschöpfungskette transferiert, d.h. insbesondere in den Produktions- und Marketingbereich. Das Personalmanagement sorgt mittels Personalentwicklungsaktivitäten dafür, dass die erforderlichen Kompetenzen des wissensorientierten Humankapitals in ein permanentes, organisiertes, technologieorientiertes Humankapital überführt wird, um wettbewerbsfähige innovative Produkte produzieren und verkaufen zu können.
c. Um mit den Porter-Ansatz nicht nur eine Strategieformulierung und eine Marktgestaltung einer Branche zu erzielen, ist zu der Wertschöpfungskette ein Corporate Governance-Ansatz für das Unternehmen zu entwickeln, wie ihn Müller-Stewens/Brauer 2009 vorschlagen. Des Weiteren ist auch

eine kalkulierte Strategieimplementierung durchzuführen, wie es der Berliner Ansatz mit der Berliner Balanced Scorecard[70] und den Innovationserfolgsrechnungen[71] fordern. Dadurch wird ein neues Performanceverständnis notwendig.

Auf Basis dieser Prämissen lässt sich ein betriebswirtschaftlich-technisches Innovationsmanagement kreieren. Doch zunächst ist noch auf den Inhalt des Resource-Based View als einen weiteren Strategieansatz eines integrierten Innovationsmanagements einzugehen.

1.5 Zur ressoucenorientierten, strategischen Unternehmensführung: Resource-Based View of the Firm und zum Stellenwert einer differenzierten Humankapitalbetrachtung für den Innovationswettbewerb

Mit dem Resourced-Based-Viev of the Firm-Ansatz ist ein erneuerter Paradigmen- bzw. Perspektivenwechsel gegenüber den Technology-Based-View, den neoklassischen Marktmodell, der Institutionenökonomik und dem Market-Based View erfolgt. In den Vordergrund rückt „…nicht… die (marktwirtschaftliche, d. Verf.) Umwelt des Unternehmens, sondern die einem Unternehmen zur Verfügung stehenden internen Ressourcen und Kompetenzen inklusive der über Kooperationen eingebundenen externen Ressourcen und Kompetenzen, (die, d. Verf.) zum Ausgangspunkt der Strategieformulierung zu machen (sind, d. Verf.) (so die Ansicht von Prahalad/Hamel 1990, sowie Grant 1991, S. 116).“ (zitiert nach Burr 2004, S. 114)

Als Begründerin des Resource-Based-View gilt Edith Penrose mit ihrem Werk „The Theory of the Growth of the Firm”, 1959, da sie die Unternehmung als ein System produktiver Ressourcen definiert. In Anlehnung an Schumpeter sieht sie die Aufgabe der Unternehmung in der Schaffung von Innovationen mit den Ressourcen und Kompetenzen des Unternehmens.

---

[70] Vgl. Schmeisser, W. / Clausen, L. 2009

[71] Vgl. Schmeisser (Hrsg.) 2010

Nach Bea/Haas 2013 stellen „Ressourcen bzw. Potenziale [...] speicherspezifischer Stärken dar, die es ermöglichen, die Unternehmung in einer veränderlichen Umwelt erfolgreich zu positionieren und somit den langfristigen Unternehmenserfolg zu sichern.“ (Bea/Haas 2013, S. 30).

Burr umschreibt die Kernaussage des ressourcenorientierten Ansatzes derart: „Ein Unternehmen ist dann im Wettbewerb erfolgreich, wenn es überlegene Ressourcen besitzt und/oder seine Ressourcen besser nutzt als seine Wettbewerber und dadurch eine überlegene Effizienz und Effektivität erzielt.“ (Burr 2004, S. 114 f.)

Dazu hat sich Grant 1991 mit der Klassifikation von Ressourcen (assets) auseinandergesetzt: Er unterscheidet:

- **Tangible** (bilanzielle, einzelbewertbare) **Ressourcen** (bilanziell nach HGB: Vermögenswerte). Zu ihnen zählen alle physisch messbaren, zählbaren und bewertbaren Güter wie Produktionsanlagen, Fuhrpark, Grundstücke usw.)
- **Intangible** (nicht-physische, schwer bewertbare Wirtschaftsgüter)
- **Ressourcen:** Sie umfassen nach ihm jene Vermögensgegenstände wie Unternehmenskultur und -image, organisatorisches und technisches Know-how oder Kundenstamm(-datei)
- **Human-Ressourcen,** sie sind schwer beschreibbar für ihn, und umfassen die Kompetenzen, die Fähigkeiten und Kenntnisse der Mitarbeiter wie deren Know-how und Motivation
- **Organizational Capabilities:** Grant hebt hervor, dass die Ressourcen nicht von sich aus produktiv sind, sondern, sondern ihr strategischer Erfolg, „... hängt vom richtigen Einsatz und der geeigneten Kombination dieser Ressourcen, also von der Führung ab.“ (Bea/Haas 2013, S. 31) Ein Gedanke der sich bereits bei Gutenberg (1951) in seiner Produktionsfunktion B finden lässt.
- **Dynamic Capabilities:** Dazu entwickelt Teece u.a. 1997 einige interessante Aspekte im Sinne Schumpeters, nämlich das Unternehmen in einer dynamischen Umwelt schwer imitierbare „Dynamic Capabilities“ aufbauen müssen. „Dabei handelt es sich um Fähigkeiten, die es dem Unternehmen erlauben sich ständig zu erneuern und sich den veränderten Marktbedürfnissen flexi-

bel anzupassen. Da einzigartige Ressourcen v.a. aus Wissen bestehen, betont *Teece* die wichtige Rolle der Wissensträger und die Bedeutung des konsequenten Managements dieser Wissensträger (*Teece[Dynamic Capabilities] 224 ff.)*" (Bea/Haas 2013, S. 31)

Zum Konzept der Kernkompetenzen (Core Competence) von Prahalad/Hamel (1990)

Die Grundüberlegung des Konzeptes der Kernkompetenzen basiert auf dem Gedanken, dass ein Bündel von Fähigkeiten und Ressourcen die Kernkompetenzen des Unternehmens widerspiegelt, die wiederum die Grundlage für die Kernprodukte eines Unternehmens darstellen, und für den EBIT und damit den Shareholder Value verantwortlich sind, weil sie sich durch schwierige Erzeugbarkeit, Imitierbarkeit und Substituierbarkeit durch Konkurrenzprodukte auszeichnen.

Wesentliche Prämissen und Elemente des ressourcenorientierten Ansatzes in Anlehnung nach Burr sind:

a. Die meisten Vertreter des ressourcenorientierten Ansatzes wählen das Unternehmen mit deren Zielsetzung und Ressourcen als Ausgangspunkt ihrer Innovations-Strategie-Betrachtung. Für diese Vorgehensweise im Strategischen Management spricht, dass die verfügbaren Ressourcen kontrollierbarer, kalkulierbarer und risikoärmer als die Branche, das Marktsegment und der Kunde sind. Eine Rechenbarkeit der Strategie z.B. mittels Return on Investment und Shareholder Value ist möglich. Eine Branchenanalyse im Hinblick ihrer Potentiale ist darstellbar.

b. Elementare Untersuchungseinheiten sind Ressourcen bzw. Kernkompetenzen:

c. „Essenziell ist in allen ressourcenorientierten Ansätzen der Unternehmensführung die Annahme, dass jedes Unternehmen einen spezifischen Ressourcenpool aufweist und sich dadurch von anderen Unternehmen seiner Branche unterscheidet. Mit dieser Annahme der heterogenen Ressourcenausstattung werden Effizienzunterschiede zwischen Firmen und das unterschiedliche Potenzial von Unternehmen zur Erzielung von Renten (EBITs und shareholder values, d. Verf.) und Wettbewerbsvorteilen (aufgrund der internen und externen Wertschöpfungskette(n) der Unternehmung, d. Verf.) erklärt.“ (Burr, 2004, S. 116)

d. Ziel des unternehmerischen Handels sind die Erzielung des Shareholder Values sowie des permanenten Innovations- und Organisationswandels
e. Zeithorizont des Strategischen Managements: Mittel- bis langfristig
f. Vertreter dieses Ansatzes gehen davon aus, dass Kernkompetenzen und Innovationen langfristig nutzbare und schwer imitierbare Wettbewerbsvorteile schaffen können.
g. Annahmen zur marktwirtschaftlichen Umwelt des Unternehmens: Vom „Funktionierenden Wettbewerb“ zum Porter-Ansatz“:
h. Ressourcenorientierten Ansätzen liegt die explizite oder implizite Prämisse einer unsicheren, dynamischen Umwelt zugrunde, die ein Konzept eines verteidigungsfähigen Wettbewerbsvorteils erfordert. „Ein verteidigungsfähiger Wettbewerbsvorteil liegt vor, wenn er weiter besteht trotz Anstrengungen von Konkurrenten, diesen Wettbewerbsvorteil zu duplizieren, und daher die Anstrengungen der Konkurrenten mangels Erfolgsaussichten beendet worden sind (vgl. Barney 1991, S. 102).“ (zitiert nach Burr 2004, S. 136 f)
i. Zielsetzung des Ansatzes ist es, vorläufige deskriptive und präskriptive theoriegestützte Aussagen zu liefern

Kritisch ist zu dem „Ressourcenorientierten Ansatz“ zu konstatieren, dass er nicht klärt woher die Erfindungen und Innovationen stammen oder welchen Stellenwert eine Erfindungs- und Konstruktionslehre einem Unternehmen zukommen. Auch der „Branchenorientierte Ansatz von Porter“ führt hier nicht weiter. Auch wird nur in wenigen Aussagen beim „Ressourcenorientierten Ansatz“ z.B. bei Teece u.a. das Humankapital und seine Varianten angesprochen oder z. B. die Bedeutung und die Funktionen einer innovativen Unternehmenskultur, die aber für ein erfolgreiches Innovationsmanagement existenziell sind. Es liegt also mehr als nahe, einen integrativen Innovationsmanagementansatz zu kreieren.

1.6 Vom Technologieorientierten Ansatz zum Berliner Humankapitalorientierten Innovationsansatz

Betriebswirtschaftliche Innovationsansätze, der Technologieorientierte Ansatz, der Marktorientierte Ansatz, der Ressourcenorientierte Ansatz sowie der Berliner Humankapitalorientierte Innovationsansatz liegen dem Handbuch Innovationsmanagement zugrunde. Dabei sind die ersten drei in der betriebswirtschaftlich-technischen Literatur zu finden.

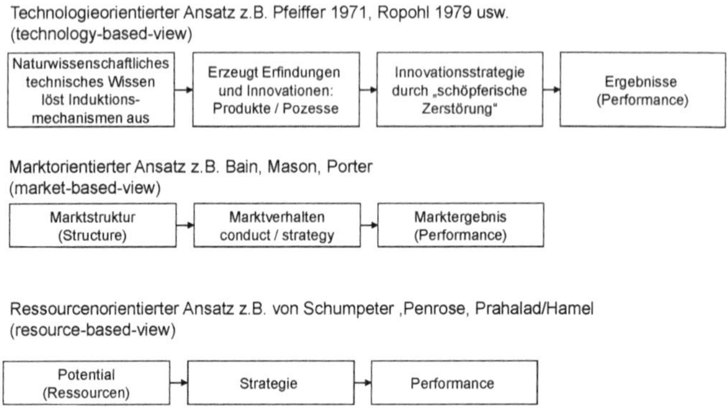

Abbildung 3: Betriebswirtschaftliche Innovationsansätze

Der Berliner Humankapitalorientierte Innovationsansatz versteht sich als ergänzender Ansatz zu den technologie-, markt- und ressourcen-orientierten Ansätzen.

Dabei wird das Humankapital als zu kreierendes notwendiges Wissen in Form von Erfindungen und Patenten im Forschungs- und Entwicklungsbereich herausgehoben. Als weiteres Element wird das technologische Humankapital als erstes hinreichendes, routiniertes, organisatorisches „wissensbasiertes Humankapital" in Produktion und Marketing mit Hilfe der Transferfunktion der Personalentwicklung als dynamische Fähigkeit herausgestellt. Als zweite hinreichende Bedingung ist das humankapitalbasierte Innovationsmanagement zu nennen, das als konsequentes Management der Wissensträger bzw. des Humankapitals, dieses im Unternehmen koordiniert. Durch die Koordination der Humankapitalarten werden nachhaltige, zu verteidigende Wettbewerbsvorteile und Performanceleistungen für das Unternehmen geschaffen und sichergestellt:

Humankapital des Funktions-orientierten Personalmanagements	Arbeits-psychologisches, organisatorisches Humankapital	Perspektiven der Humankapitalmodelle		
			Berliner Humankapitalmodelle	
		Arbeitsökonomischer und Personalökonomischer (volkswirtschaftlicher) Ansatz	Berliner-Humankapitalbewertungsmodell	Berliner-Humankapital-orientierter Innovationsansatz
impliziertes Humankapitalmodell Personal- und Organisationsentwicklung soll betriebliche Kompetenzen, Fähigkeiten und Kenntnisse schaffen. Normalerweise durch Ausbildungsberufe	„Reparaturen“ an Arbeitsplätzen und Organisationsprozessen bei Motivationsmangel, Burnout, Mobbing etc. Ergänzung zum Funktionen-orientierten Personalmanagement.	• Impliziertes makroökonomisches Humankapital als Summe der Bildungsaktivitäten in Schulen und Universitäten usw. in einer Volkswirtschaft sowie Bildungsaktivitäten als Investitionen in Unternehmen • Zuführung von Arbeitslosen in den Arbeitsmarkt I, sprich zurück in die Unternehmen durch Bildungsaktivitäten und Hartz IV usw.	Berechnung, Bewertung und Kontrolle des Humankapitals mit Hilfe des Berliner Humankapitalbewertungsmodells - deduziert aus dem Berliner Balanced Scorecard-Ansatz - auf Grundlage der Finanzorientierten Personalwirtschaft	Schaffen von Wissen und Patenten im Forschungs-Entwicklungs- und Konstruktionsbereich „wissensbasiertes Humankapital“ Übertrag des wissensbasierten Humankapitals in Routinehandlungen in Produktion und Absatz durch Personalentwicklung (technologisches Humankapital) Management des Humankapitals der Innovationen, d.h. des wissensbasierten und technologischen Humankapitals

Abbildung 4: Humankapitalmodelle

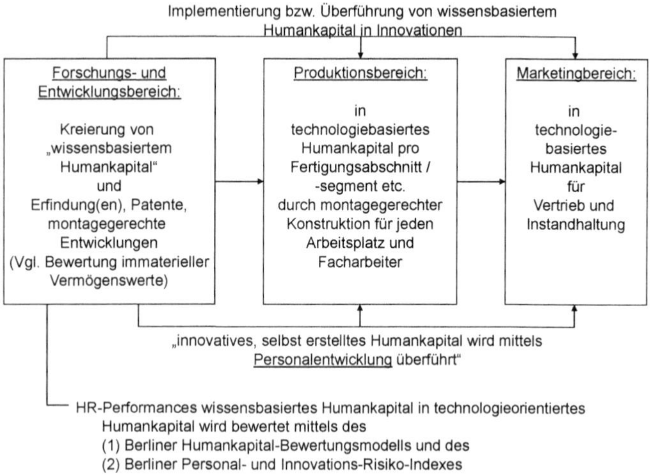

Abbildung 5: Implementierung von wissensbasierten Humankapital in technologiebasiertes Humankapital

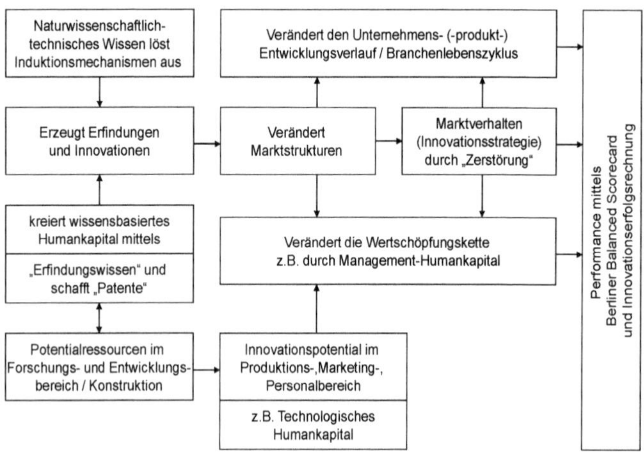

Abbildung 6: Integrativer Berliner Innovationsansatz

Zum Integrierten Berliner Innovationsansatz

Der Integrierte Berliner Innovationsansatz versucht alle Aspekte der obigen vier „View-Ansätze“ zu einem Gesamtmodell zu integrieren, ein Ansatz, der als Konzept dem Handbuch des Innovationsmanagements zugrunde liegt.

Es wird vom selektiv-rationalen Erfinder ausgegangen, der im Sinne von Pfeiffers Theorie der technischen Entwicklung oder Ropohls Theorie der Ontogenese der technischen Entwicklung einen autonomen Induktionsmechanismus, sprich eine Erfindung, auslösen kann. Dieser Erfinder, ein selektiv-suchender Fachmann in seinem naturwissenschaftlich -technischen Feld, experimentiert und sucht durch gezielte Informationsverarbeitungen nach dem nächsten „technischen Schritt“ der potenziellen Erfindung, die zu einer sinnvollen Innovation in diesem Bereich führen müsste.

Der Integrierte Berliner Innovationsansatz geht zunächst vom Ressourcenorientierten Ansatz aus, der das Unternehmen mit dessen Zielsetzung und Ressourcen als theoretischen Ausgangspunkt der Innovations-Strategie-Betrachtung wählt, und legt folgende Prämissen zugrunde:

a. Der Erfinder schafft mit der Erfindung und dem Patent eine erste vorläufige Voraussetzung für eine Innovationsstrategie eines Unternehmens.

b. Der Prozess von der Suche, des Erfindens des Innovierens bis zum Patentieren wird im Unternehmen institutionalisiert, und zwar in Form der Forschungs-, Entwicklungs- und Konstruktionsabteilung sowie Patentabteilung. Gerade die institutionalisierte „Forschung“ hat für eine permanente „Erzeugung wissensbasierten Humankapitals“ zu sorgen, deren Ergebnisse Erfindungen und Patente sind.

c. Das innovative Strategische Management hat die verfügbaren Ressourcen zu kontrollieren, zu kalkulieren sowie Risiko und Synergien offen zu legen, um einen „Marktorientierten Innovationsansatz“ zu realisieren. Dieser setzt eine Gestaltbarkeit der Branche, des Marktsegmentes und der Kundenwünsche voraus. Durch diese Annahmen lässt sich die Innovation analysieren, gestalten und rechnen.

d. Die Innovationsstrategie und deren Wirtschaftlichkeit werden durch permanente Verbesserungs- und Prozessinnovationen sichergestellt.

e. Die erste Herausforderung an ein zielgerichtetes Innovationsmanagement von Wissensträgern wird es sein, Wissensbasiertes Humankapital der Forschungs- und Entwicklungsabteilung in Technologisches Humankapital und in Innovationen für die operativen Bereiche Produktion und Marketing mittels Personalentwicklungs- und Organisationswandel zu transferieren. D.h. „wissensbasiertes Humankapital der Forscher und Entwickler" muss in Produktinnovationen und routinemäßige, montagegerechte Konstruktionsanweisungen für die Produktion überführt werden und in Expertenwissen für „Innovationsmarketingmanager", die für den Vertrieb geschult, vorbereitet und motiviert werden müssen.

f. Organizational Capabilities: Der Innovationserfolg hängt vom richtigen Einsatz und der geeigneten Kombination der Ressourcen und der Führung ab.

g. Dynamic Capabilities: Durch den Humankapitalbasierten Berliner Innovationsansatz werden schwer imitierbare „Dynamic Capabilities" aufgebaut. Dabei handelt es sich um die humankapitalbasierte Fähigkeiten, die sich ständig erneuern und sich den veränderten Marktbedürfnissen flexibel anpassen. Da die einzigartigen Ressourcen des innovativen Unternehmens vor allem aus Wissen bestehen, muss die wichtige Rolle der Wissensträger und die Bedeutung eines konsequenten Innovations-Managements mittels eines Strategischen Managements beachtet werden.

h. Durch die Technikphilosophie werden Grundlagen einer innovativen, permanenten und kreativen Unternehmenskultur geschaffen

i. Ziel und Funktion des Innovationsmanagements in der Unternehmung muss eine flexible Anpassung der Produktion und der Fertigungstechnologie im Sinne des Ressourcenorientierten Ansatzes an Änderungen der Nachfrage oder Änderungen staatlich festgesetzter Rahmenbedingungen sein.

j. Das Unternehmen muss in Lebenszyklen denken und über Innovationsstrategien versuchen den Markt- bzw. die Branchenlebenszyklen zu verändern, zu beeinflussen und zumindest zeitweise zu gestalten.

k. Deshalb sind Unternehmen herausgefordert, über interne und externe Wertschöpfungsketten im Unternehmen eine Innovationsstrategie zu implementieren und diese international wettbewerbsfähig in der Branche zu gestalten (Diamant-Ansatz von Porter).

l. Eine Performance-Ermittlung der Unternehmung und der Strategien erfolgt durch den Berliner Balance Scorecard-Ansatz und die Innovationserfolgsrechnungen.

Literatur zu Kapitel 1

Burr, Wolfgang (2004): Innovationen in Organisationen. Kohlhammer, Stuttgart

Ehrlenspiel, Klaus (1995): Integrierte Produktentwicklung. Methoden für Prozeßorganisation, Produkterstellung und Konstruktion. Hanser Verlag München

Hauschildt, Jürgen(1997): Innovationsmanagement. Vahlen-Verlag, München

Hübner, Heinz/ Jahnes, Stefan (1998): Management-Technologie als strategischer Erfolgsfaktor, Walter de Gruyter, Berlin, New York

Müller-Stewens, Günter (1990): Strategische Suchfelder. 2. Aufl. Wiesbaden

Müller-Stewens, Günter/ Brauer Matthias (2009): Corporate Strategy&Governance. Schäffer Poeschel, Stuttgart

Müller-Stewens, Günter/ Lechner Christoph(2005): Strategisches Management. 3. Aufl., Schäffer-Poeschel Verlag, Stuttgart

Pfeiffer, Werner (1971): Allgemeine Theorie der technischen Entwicklung als Grundlage einer Planung und Prognose des Technischen Fortschritts, Göttingen

Pfeiffer, Werner/ Metze, G. / Schneider, W. / Amler, R. (1985): Technologie-Portfolio zum Management strategischer Zukunftsgeschäftsfelder, 3. Aufl., Göttingen

Prahalad, C.K./Hamel, G. (1990): The Core Competence of the Corporation, in: Harvard Business Review, 68 Vol.(1990), p. 79–91

Rogers, E.M.(1995): Diffusion of innovations, 4. Edition, New York

Ropohl, Günter (1979): Eine Systemtheorie der Technik. Hanser Verlag, München

Schlicksupp, H.(1983): Innovation, kreativität & Ideenfindung, 3. Aufl., Würzburg

Schmeisser, W. /Kantner, A./ Geburtig, A./ Schindler, F. (2006): Forschungs- und Technologie-Controlling. Schäffer Poeschel Verlag, Stuttgart

Schmeisser, Wilhelm (1986): Systematische Erfindungsförderung als Unternehmensaufgabe. Erich Schmidt Verlag, Berlin

Schmeisser, Wilhelm (1997): Zur Genese neuer Geschäfte in der Industrieunternehmung, Aachen

Schmeisser, Wilhelm (Hrsg.) (2010): Technologiemanagement und Innovationserfolgsrechnung. Oldenbourg-Verlag München

Schmeisser, Wilhelm/ Andresen, Maike/ Kaiser, Stephan (2012): Personalmanagement. UTB, München

Schmeisser, Wilhelm/ Clausen, Lydia (2009): Controlling und Berliner Balanced Scorecard Ansatz. Oldenbourg, München

Schmeisser, Wilhelm/ Clausen, Lydia/ Popp, Rebecca/ Ennemann, Carsten/ Drewicke, Olaf (2011): Controlling and Berliner Balanced Scorecard Approach. Oldenbourg, München

Schmeisser, Wilhelm/ Hannemann, Gerfried/ Krimphove, Dieter/ Toebe, Marc/ Zündorf, Horst (2012): Finanzierung und Investition. UTB, München

Schmeisser, Wilhelm/ Mohnkopf, Hermann/ Hartmann, Matthias/ Metze, Gerhard (Hrsg.) (2008): Innovationserfolgsrechnung. Springer Verlag Heidelberg, Berlin

Schmeisser, Wilhelm/ Krimphove, Dieter (Hrsg.) (2001): Vom Gründungsmanagement zum Neuen Markt. Strategien für technologieorientierte kleine und mittlere Unternehmen. Gabler-Verlag, Wiesbaden

Schmeisser, Wilhelm/ Krimphove, Dieter/ Popp, Rebecca (2013): International Human Resource Management and International Labour Law, A Human Resource Management Accounting Approach. Oldenbourg Verlag, München

Schreyögg, Georg (1984): Unternehmensstrategie. De Gruyter, Berlin 1984

Schumpeter, J.A.: Theorie der technischen Entwicklung. Leipzig/ München 1912

Staudt, Erich (1974): Struktur und Methoden technologischer Voraussagen, Göttingen

Staudt, Erich u.a. (1980): Innovationsförderung und Technologietransfer. Erich Schmidt Verlag, Berlin

Staudt, Erich: Das Management von Innovationen (Hrsg.) (1986): Das Management von Innovationen. Herausgegeben von der Frankfurter Allgemeinen Zeitung, Frankfurt

Teece, D.J./ Pisano, G./ Shuen, A. (1997): Dynamic Capabilities and Strategic Management, in: Strategic Management Journal 18. Vol. (1997) 7, p. 509-533

Trommsdorff, Volker/ Steinhoff, Fee (2007): Innovationsmarketing, Vahlen, München

Urban, P. (1973): Zur wissenschaftstheoretischen Problematik zeitraumüberwindender Prognosen. Köln 1973

Vahs, Dietmar/Brem, Alexander (2013): Innovationsmanagement, 4. Aufl., Schäffer Poeschel Verlag, Stuttgart

Weber, R.(1970): Begriff, Erfassung und Kontrolle der Forschungs- und Entwicklungsaufwendungen in der chemischen Industrie. Basel

ZVEI (Hrsg.) (1982): Forschungs- und Entwicklungsvorhaben. Frankfurt am Main

Zwicky, F. (1971): Entdecken, Erfinden, Forschen im morphologischen Weltbild. 2. Aufl. München/Zürich

2 Innovationsfördernde Unternehmenskulturen: Ein symbolischer Interaktionsansatz[72,73]

2.1 Grundsätzliches zur innovationsfördernden Unternehmenskultur

Hinter der innovationsfördernden Unternehmenskultur steht ein organisatorisches Paradoxon, nämlich zukunftsfähige Arbeitsplätze zu schaffen und alte zu zerstören. Zum einen versucht die Unternehmenskultur durch organisatorische Regelungen und Vorschriften im Sinne des Corporate Identity, aber auch mit Ritualen und Riten eine Stabilisierung der Arbeitsgewohnheiten der Organisationskultur bei den Mitarbeitern zu erzielen, fasst wie eine ordnungsstiftende und beruhigende Staatsreligion. Auf der anderen Seite müssen die Unternehmenskultur und Organisation durch Innovationen bzw. neuartige Produkte permanent verändert werden, z.B. durch die Überführung wissensbasierten Humankapitals in technologisches Humankapital mittels Personalentwicklungsmaßnahmen und einem Change Management, d.h. in neuen Organisationsstellen und Arbeitsplätze. Dies führt in sozialen Systemen bei Innovationen nach Schumpeter zur Zerstörung der bisherigen Unternehmenskultur und deren Arbeitsplätze mit einem parallelen Aufbau einer neuen. Die permanente innovative Unternehmenskultur verursacht und löst deshalb Spannungen bei der Belegschaft und den Gewerkschaften aus.

Wissensbasiertes Humankapital ist die Erarbeitung qualitativ neuartigen Wissens z.B. durch die Ingenieure im Forschungs- und Entwicklungsbereich eines Unternehmens, das idealerweise zu einer Erfindung einem Patent und zu einem Prototyp einer Innova-

---

72 Modifizierter Auszug aus: Wilhelm Schmeisser (1997): Zur Genese neuer Geschäfte…, S. 46 ff.

73 Ebenda, die dort aufgeführte Literatur

tion führt. Man kann auch sagen, dass wissensbasiertes Humankapital durch den Kognitionsprozess bei Erfindern beschrieben werden kann: Der Kognitionsprozess bei Erfindern ist durch das naturwissenschaftlich-technische Beobachten und technische Nachdenken des Erfinders geprägt, damit er durch seine Erkenntnisse sein naturwissenschaftlich-technisches Wissen bewahrt und zu neuen Erkenntnissen gelangt, sprich zu einem **wissensbasierten Humankapital**.

Das **technologische – bzw. technologieorientierte – Humankapital** ist die Überführung des wissensbasierten Humankapitals in technologisches, arbeitsteiliges Wissen der Mitarbeiter im Produktions- und Marketingbereich, um die Innovation in einem Diffusionsprozess massenhaft herzustellen und zu vermarkten. Die externe Qualifizierung der Mitarbeiter und die interne Schulung der Mitarbeiter durch Personalentwicklungsmaßnahmen dienen dazu, technische Innovationen im Industriebetrieb beherrschen zu lernen.

Die Unternehmenskultur soll helfen, permanent Humankapital zu bilden und zu zerstören.

Den Erfolgsgeheimnissen innovativer und erfolgreicher Unternehmen versucht man unter vielen Aspekten, auch mit dem Phänomen Unternehmenskultur auf die Spur zu kommen. Zu den bekanntesten Managementbüchern zählen „In Search of Excellence“ von Peters und Waterman[74], „Theory Z“ von Ouchi[75], „The Art of Japanese Management“ von Pascale und Athos[76] und „Corporate Cultures“ von Deal und Kennedy[77]. Vier Einflussfaktoren können bei Innovationen als wesentlich erachtet werden, die diesem symbolischen Bezugsrahmen einen beachtlichen organisatorischen Stellenwert erbrachten:

- „Implementierungsprobleme von Strategien, und die Probleme von Fusionen und Akquisitionen

---

74 Vgl. Peters/Waterman 1986, S. 22 ff.

75 Vgl. Ouchi 1982, S. 12 ff.

76 Vgl. Pascale/Athos 1982, S. 15 ff.

77 Vgl. Deal/Kennedy 1982, S. 11 ff.

- der zunehmende ‚Abschied von der Führungstechnologie'... (strukturelle Ansätze, d. Verf.) aus der Erkenntnis der Grenzen der Rationalität und ‚Machbarkeit'
- der Einfluss japanischer Managementmethoden und der japanischen Kultur, insbesondere in den USA
- der gesellschaftliche Wertewandel in den OECD-Staaten in den letzten Jahren"[78]

Im Sinne der Chandlerschen Strategie-Struktur-Beziehungs-Hypothese kommt es bei Strategiewechseln, wie bei Akquisitionen, neuen Programmen, Produkten und Prozessen etc. zu dem Erfordernis, formale Autoritätslinien und Kommunikationsflüsse neu zu strukturieren, wenn die Organisation effizient sein soll.[79] Übersehen wurde dabei jedoch die Notwendigkeit der permanenten Veränderung der Unternehmenskultur. Mit der anderen strukturellen Komplexität tritt ein neues organisiertes, soziales Handeln auf. Die Einstellungen, Werte und Normen der neuen Kollegen, Gruppen und Vorgesetzten, über die nur Vermutungen vorliegen, müssen sich trotz struktureller Vorgaben erst in symbolischen Interaktionen bei Mitarbeitern verfestigen; denn erst wenn diese in der Organisation kontrolliert vorliegen, können die Handlungen und Reaktionen des Individuums, wie in etwa von den strukturellen Vorgaben gewollt, in der Organisation beeinflusst werden. Erst durch die Entwicklung einer eigenständigen Kultur zur Organisation und Strategie werden die Handlungen der Mitarbeiter durch ihre Annahmen über die Handlungen der anderen bestimmt und führen somit beispielsweise die Innovation durch.[80]

Folgerichtig ist es ein Merkmal exzellenter Unternehmen nach Peters und Waterman, dass sie ihre Mitarbeiter voll im Unternehmen mittels der Kultur integrieren können.

Dabei erweist sich der Begriff Unternehmenskultur oder Organisationskultur als schwer zu definieren. In Anlehnung an Ulrich[81] will

---

78 Holleis 1987, S. 32; vgl. zu den japanischen Managementmethoden Albach/de Pay/Okamuro 1990, S. 55 ff.

79 Vgl. Chandler 1962, S. 25 ff.

80 Vgl. Mead 1934, S. 155

81 Vgl. Ulrich 1984, S. 312

Holleis folgendes unter Unternehmenskultur verstanden wissen:

„Unternehmenskultur (Organisationskultur) im engeren Sinn, ist die Gesamtheit der im Unternehmen (in der Organisation) – bewusst oder unbewusst- symbolisch oder sprachlich tradierten Wissensvorräte und Hintergrundüberzeugungen, Denkmuster und Weltinterpretationen, Wertvorstellungen und Verhaltensnormen, wie sie im Denken, Sprechen und Handeln der Unternehmensangehörigen (Organisationsangehörigen) regelmäßig (in der symbolischen Interaktion entwickelt werden und, d. Verf.) zum Ausdruck kommen.“[82]

Weit differenzierter sehen Neuberger und Kompa[83] die Unternehmenskultur, die Klassifikationsschemata der Unternehmenskultur mit 11 Aspekten entwickeln. Organisatorisch am wichtigsten erscheint ihnen zu untersuchen, ob das Unternehmen eine Kultur ist oder ob das Unternehmen eine Kultur hat. Dahinter verbirgt sich implizit die Frage, ob Unternehmenskulturen beispielsweise durch Innovationen verändert werden können und dürfen.[84] Begreift man Unternehmen als Kultur (das „Unternehmen ist eine Kultur“), so begreift man Unternehmenskultur als eine Art Lebenswelt, die „vorliegt“, als ein sozialwissenschaftliches Phänomen, das nicht als konkreter Gegenstand erforscht werden kann, da er nicht eindeutig abgrenzbar und damit materiell strittig ist. Unternehmenskultur stellt für Smircich[85] und Schein[86] ein Untersuchungsobjekt dar, das als ein System von Symbolen zu beschreiben ist, das sinnstiftende Handlungen und Ereignisse interpretieren hilft und ein Erklärungsraster dafür gibt, was organisatorisches Handeln erst möglich macht, wenn „rationale“ Erklärungsraster versagen. „Unternehmenskulturen werden deshalb als etwas spontan Entstandenes begriffen und nicht als etwas, was man gezielt „herstellen“ könnte. Auch sieht man diese Symbolsysteme als etwas viel zu Komplexes

82 Holleis 1987, S. 17

83 Vgl. Neuberger/Kompa 1987, S. 17 ff.

84 Vgl. Schreyögg 1988, S. 155 ff.

85 Vgl. Smircich 1983, S. 339 ff.

86 Vgl. Schein 1985, S. 18 ff.

und Tiefgründiges an, als dass man sie kontrollieren oder managen könnte."[87] Demnach ist eine Unternehmenskultur als Mittel zur Forcierung von Innovationen nicht gestaltbar. Entweder ist eine Unternehmung eine innovative Unternehmenskultur, und Produktinnovationen sind z.B. bei Apple kein Thema, oder man hat keine und muss sich mit diesem Zustand zufrieden geben; eine Betrachtung, die dem Gestaltungscharakter der angewandten Betriebswirtschaftslehre widerspricht.

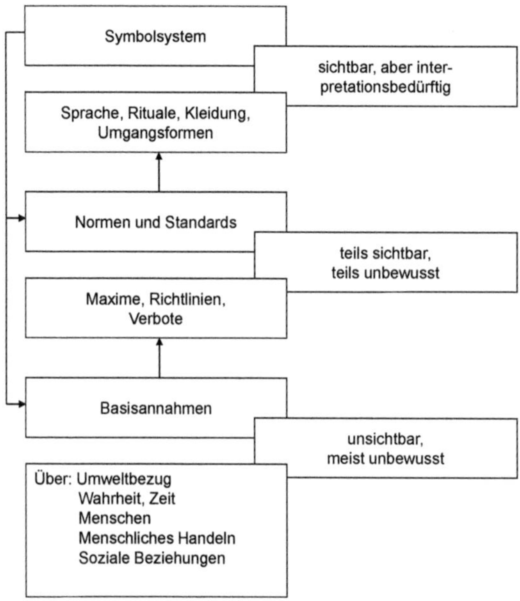

Abbildung 7: Zum Unternehmenskulturmodell nach Schein 1984, p. 4 (leicht modifiziert)

Der andere polare Standpunkt zur Unternehmenskultur, die Unternehmung hat eine Kultur, erscheint daher sinnvoller, da er davon ausgeht, „...dass man Kulturen ähnlich wie andere soziale Erschei-

[87] Schreyögg 1988, S. 156

nungen auch beeinflussen und verändern kann".[88] Damit könnten Innovationen mindestens potentiell gefördert werden. Eine Typologie von Unternehmenskulturen von Deal und Kennedy weist zumindest auf potentielle innovative Unternehmenskulturen hin, obwohl dies nicht eine ihrer Fragestellungen bei der Erstellung ihrer „typischen Unternehmenskulturen" gewesen ist.[89] Es erscheint deshalb zweckmäßig, den Unternehmenskulturanalyseansatz von Bolman/Deal in seinen Grundzügen exemplarisch für Unternehmenskulturmodelle des symbolischen Interaktionismus als „neuere" Methode der Organisationsforschung vorzustellen, um seine Gestaltbarkeit zu prüfen und um der Frage nach der Schaffung einer innovativen Unternehmenskultur nachzugehen. Zunächst sollen jedoch die Basisannahmen des symbolischen Interaktionismus vorgestellt werden, die auf methodologischen Erkenntnissen von Mead[90], Blumer[91] und Wilson[92] basieren.

Damit wird auch der Kulturwandel in Organisationen diskutierbar und notwendig, wenn ein aktives Innovationsmanagement dies von einer Unternehmensführung erforderlich macht.

Ein Kulturwandel, den Dyer 1985 in einer Abbildung (vgl. Abb. 8) beschreibt und Schreyögg[93] ausführlich diskutiert, ist bei Innovationen regelmäßig erforderlich. D.h. nach einer Kulturanalyse muss mittels neuer Symbole, Riten, Rituale etc., Stellenbeschreibungen, Abteilungsbildungen, Projektteams eine neue Aufbau- und Ablauforganisationen und damit eine neue Organisationskultur kreiert werden.

---

[88] Ebenda; vgl. dazu auch Neuberger/Kompa 1987, S. 23 ff.

[89] Vgl. Deal/Kennedy 1982, S. 151 ff.

[90] Vgl. Mead 1934 (deutsch 1968), S. 35 ff.

[91] Vgl. Blumer 1981, S. 80 ff.

[92] Vgl. Wilson 1981, S. 54 ff.

[93] Vgl. Schreyögg 2012, S. 188

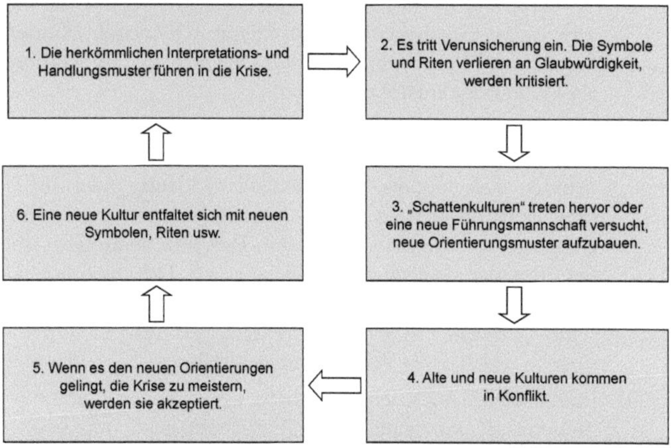

Abbildung 8: Kulturwandel in Unternehmen (Quelle: Dyer, W.G., (1985), p. 211, zitiert nach Schreyögg, 2012, S. 188)

2.2 Basisannahmen des Symbolischen Interaktionismus in der Organisationsforschung

Die Perspektive des Symbolischen Interaktionismus basiert auf einer Reihe von Prämissen über das Wesen von menschlichen Interaktionen in der Organisation.[94]

[1] Das Wichtigste an einem Ereignis (einer Innovation) ist nicht das, was tatsächlich passiert ist, sondern die (wahrgenommene) Bedeutung von dem, was aus der Sicht des Individuums passiert ist. Sie besagt, dass Menschen auf der Grundlage der Bedeutung dessen handeln, was „das gerade Betreffende" für sie besitzt.[95]

[2] Die (wahrgenommene) Bedeutung von einem Ereignis (einer Innovation) ist nicht einfach dadurch definiert, was geschehen ist, sondern durch die Art und Weise, wie die Men-

---

94 Vgl. Bolman/Deal 1987, S. 149 f.

95 Vgl. Blumer 1981, S. 81

schen das Geschehene interpretieren. Oder mit Blumer formuliert: „Bedeutung wird aus der sozialen Interaktion abgeleitet oder entsteht aus ihr.“[96]

[3] Viele der bedeutenden (besser vom Individuum zu deutenden) Ereignisse und Prozesse sind aus der Sicht des handelnden Individuums grundsätzlich vieldeutig oder unsicher; es ist oft schwierig oder unmöglich zu wissen, warum Ereignisse geschehen sind, warum Prozesse derartig ablaufen oder was als nächstes geschehen wird. D.h. für Blumer, dass Bedeutung dadurch entsteht, dass jedes Individuum seine „Umwelt“ in einem interpretativen Prozess durchläuft, in welchem es Veränderungen erfährt.[97]

[4] Innovationen oder neue Geschäfte als sogenannte uninterpretierte „Unklarheiten“ und „Unsicherheiten“ (mit kulturell andersartig eingebundenen Akteuren) untergraben (bisherige wissenschaftlich) rationale Methoden zur Analyse, Problemlösung und Entscheidungsfindung von Organisationsproblemen.

[5] Konfrontiert mit (innovativen) „Unsicherheiten“ und „Unklarheiten“ bzw. „Mehrdeutigkeiten“, die aus der sozialen Interaktion der anderen Akteure resultieren, entwickeln Menschen Symbole, um Unklarheiten zu reduzieren, Verwirrungen zu beseitigen, die Vorhersehbarkeit von Handeln zu erhöhen und neue, organisatorische, zumindest informale Richtlinien zu bestimmen.

Gerade die letzte Prämisse lässt vermuten, dass die (Unternehmens-)Kultur, die auf grundlegenden, vorangegangenen und geschäftlichen Innovationen basiert, immer nur etwas zeitlichbegrenzt Stabiles ist und permanent dem Wandel unterliegt, wenn man sie instrumentell begreift („Die Unternehmung hat eine Kultur, weil sie vorläufig gemacht ist“). Zuerst schaffen sich die Mitglieder eine Kultur, aber durch die interaktionelle Auseinandersetzung mit immer neuen Mitgliedern im Unternehmen und durch Innovationen als auch durch das Ausscheiden alter Mitglieder und

---

[96] Blumer 1973, S. 81

[97] Vgl. ebenda

alter Geschäfte entsteht durch symbolische Interaktionen eine neue (Unternehmens-)Kultur, die ständig neu wahrzunehmen, zu interpretieren und zu bewerten ist.

Für Bolman und Deal[98] eignet sich der „Symbolische Ansatz“ darum besonders bei Organisationsproblemen, die nicht mit dem Strukturellen Ansatz, dem Human-Ressourcen-Ansatz und dem Politischen Ansatz allein zu analysieren, zu bewältigen und zu gestalten sind. In der alltäglichen Organisation treten oft Unsicherheiten zwischen den handelnden Akteuren auf, ergeben sich unklare soziale Interaktionen und Prozesse, die nicht mit den bisherigen quantitativen Organisationstechniken zu lösen sind; Typische Fragestellungen, die mittels des symbolischen Interaktionismus zu beantworten sind, lauten:

- Wer hat die Macht, wenn diese durch Symbole, Rituale usw. verschleiert erscheint oder nicht wahrgenommen wird, um Innovationen voranzubringen?
- Was sind die (innovativen) Ziele der Organisation, wenn diese durch Mythen, Metaphern usw. überlagert werden?
- Was gilt in der Unternehmung als (innovativer) Erfolg? Gehören die Erfindungen, Produktinnovationen sowie Prozessinnovationen dazu?
- Sind im Unternehmen zu einer wirtschaftlichen, technologischen und personal-politischen Problemlage Entscheidungen getroffen worden, oder wurde durch Planungsrituale, Riten usw. diese „nur verschoben“, „abgeändert“ oder „vorgespielt“, d.h. dass sie offensichtlich getroffen worden seien?

Die Antworten zu solchen Fragen haben sich bisher für Verhaltensforscher in einem Nebel von unsicheren Beobachtungen verborgen.[99] So kommt es, dass bei symbolischen organisatorischen Ereignissen und Aktivitäten mehr „Gespür“ als „Rationalität“ gefragt ist. Der Symbolische Interaktionismus versucht, die interaktiven Symbole zwischen den handelnden Akteuren zu entschlüs-

---

98 Vgl. Bolman/Deal 1987, S. 148 ff.

99 Vgl. Blumer 1981, S. 80 ff.; Heinen 1987, S. 4 ff.; Luthans 1989, S. 50 ff.

seln, indem der Beobachter zum „aktiv teilnehmenden Aktionsforscher“ wird.

Der Symbolische Ansatz[100] versteht sich aufgrund der ambivalenten, sozialen, symbolischen Interaktion der Akteure in der Organisation mehr als ungewisses, prozessuales Netzwerk, das keine rationalen, gradlinigen Handlungsweisen produziert. Organisationen funktionieren aus der Sicht des oberflächlichen Beobachters wie komplexe, ständig wechselnde, elastische „Flipperautomaten“. Akteure und deren Entscheidungen, Pläne und Probleme purzeln darin diskontinuierlich durch ein Labyrinth von Banden, Sperren und Fallen.

Bolman und Deal geben zu, dass jenen, die die Organisation hauptsächlich rational betrachten, der Symbolische Ansatz bizarr und an den Haaren herbeigezogen erscheinen muss. Jedoch zeige die Unternehmenskultur als ein Modell des Symbolischen Ansatzes, dass sich der Bezugsrahmen bewährt habe, und auch Manager bestätigen, dass der Ansatz die Realität widerspiegele, die sie erfahren haben.[101]

2.3 Ein symbolischer Erklärungsansatz der Organisation

Wenn Manager bei ihrer alltäglichen Arbeit auf komplexe, unsichere und mehrdeutige Probleme, sprich innovative Problemstellungen, treffen, versuchen sie, die Ursachen zu verstehen und zu kontrollieren. Sollten z.B. die Verkaufszahlen aus nicht erkennbaren Gründen zurückgehen, wird die Unternehmensleitung Anstrengungen unternehmen, um die Ursachen des Rückgangs zu beheben und Strategien zur Verbesserung der Verkaufszahlen zu entwickeln.

Gewöhnlicherweise reichen bei dem oben angedeuteten Problem die bisherigen rationalen Problemlösungen und Entscheidungsfin-

---

[100] Vgl. Bolman/Deal 1987, S. 148 ff.

[101] Vgl. Peters/Waterman 1986, S. 53 ff.; Rüttinger 1986, S. 11 ff.; Gussmann 1988, S. 207 ff.

dungsmethoden aus, um dem Problem zu begegnen. Erweisen sich die Probleme jedoch als zu komplex, vieldeutig und zu theoretisch, werden Theorie-Praxis-Differenzen konstatiert, und die nicht verstandenen Probleme können deshalb nicht gelöst werden.

Der symbolische Ansatz geht davon aus, dass es in Organisationen eine Fülle unbeantworteter Fragen, unlösbarer Probleme und unverständlicher Ereignisse gibt. Der Grund dafür ist, dass Manager und Organisationstheoretiker normalerweise eine direkte Verbindung zwischen Handlungen, Ereignissen und Output/Ergebnissen vermuten. So vertreten sie häufig die Ansicht, dass Entscheidungen Probleme involvieren, Verwaltungen verwalten, Strukturen, Aktivitäten bzw. Handlungen koordinieren, Planungen die Zukunft des Unternehmens gestalten und die Umwelt die Entscheidungen beeinflusst. Dass diese Beispiele alle umgekehrt betrachtet werden können, so Blumer[102], sieht man dann, wenn man die soziale Interaktion der Akteure berücksichtigt. D.h., dass symbolische, soziale Interaktionen Entscheidungen produzieren und über ein Netzwerk die Umwelt beeinflussen und damit soziale, symbolische Handlung und Prozesse freisetzten, die später die unternehmenskulturellen Strukturen bilden, wenn sie durch das Management legitimiert und über Riten sanktioniert werden. Das symbolische Konzept gibt demnach folgende Gestaltungsanleitung für organisatorische Probleme: Wann immer unverständliche Ereignisse oder unlösbare Probleme im Unternehmen auftauchen, sind die Organisationsmitglieder aufgerufen, die Aktivitäten des anderen zu beobachten, zu interpretieren und über gemeinsam geschaffene Symbole die innovativen Aktivitäten zu bewerten. Dadurch erzielt der Manager als symbolisch eingebundener Aktionsforscher Klarheit über die Bedeutung des bisher unverstandenen innovatorischen Chaos. Er erkennt die Verwirrung, die durch nicht-interpretierte Symbole der Organisationsmitglieder entstanden ist, kann die soziale, regelhafte Interaktion (z.B. Ritus) beurteilen und kann sich nun durch die vorhersehbare Handlung von seinem Führungsproblem befreien.

---

102 Vlg. Blumer 1981, S. 80 ff. und Wilson 1981, S. 54 ff.

2.4 Symbolische Formen in der innovativen Organisation

Das Unternehmenskulturkonzept von Deal und Kennedy[103] sieht in symbolischen Formen wie Mythen, Riten usw. Analysekategorien von Organisationskulturen, die hier näher untersucht werden:

Mythen

Mythen[104] beschreiben Firmengeschichten, nämlich deren Gründung, Aufstieg und Erfolg aufgrund bestimmter einfachster Handlungen von Helden und Unternehmensgründern und den Männern der ersten Stunde, die heute Direktoren sind. Zu oft werden diese unternehmerischen Mythen im betrieblichen Alltag von neuen Mitarbeitern abgewertet, da sie keine Tatsachen widergeben. Übersehen wird von ihnen dabei jedoch, dass Mythen für sie sehr wohl bedeutende Wahrheiten übermitteln können und ihnen bei Innovationen im Unternehmen helfen, diese schneller und besser zu verstehen:

Mythen dienen mehreren Funktionen[105],

[1] „Mythen erklären (z.B. die bisherigen Innovationen, d. Verf.)

[2] Mythen stellen das Leitbild des Unternehmens verschlüsselt dar (z.B. Unternehmererfinder und Innovator, d. Verf.);

[3] Mythen unterstützen Solidarität und Zusammenhalt (z.B. Erfinderteam, d. Verf.);

[4] Mythen legitimieren (ein bestimmtes Handeln und Entscheiden bei innovativen Problemen, d. Verf.);

[5] Mythen übermitteln unbewusste Wünsche und Konflikte der Organisationsmitglieder (z.B. Beitrag an Ruhm und Erfolg, d. Verf.);

[6] Mythen handeln Widersprüche aus (z.B. bei Zielkonflikten bei Entscheidungen, d. Verf.);

---

103 Vgl Deal/Kennedy 1982, S. 97 ff.

104 Vgl. Westerlund/Sjostrand 1979, S. 68 ff. und S. 103 ff.

105 Vgl. Cohen 1969, S. 337 ff.

[7] Mythen verankern Erzählungen der Vergangenheit und Gegenwart für die unternehmerische Zukunft (z.B. vergangene und erzeugte Innovationen, d. Verf.)"

Mythen haben demnach grundsätzlich zwei Seiten, zum einen können sie Organisationsmitglieder motivieren und bei ihnen Vertrauen schaffen, sich mit innovativen Unternehmensentscheidungen abzufinden, zum anderen machen sie Organisationsmitglieder für neue Informationen (betriebs-)blind und blockieren somit die personelle und organisatorische Lernbereitschaft. Mythen oder Sagen finden sich in allen Organisationen, für die Sinngebung (eine Art Leitbild), Solidarität und Meinungsbildung, Stabilität und Sicherheit erforderlich sind. Sie unterdrücken dabei leicht die individuelle und kreative Leistungsfähigkeit der Mitarbeiter, können somit die Aufmerksamkeit/Frühwarnfunktion der Unternehmung in eine falsche Richtung lenken und die Innovationsfähigkeit und -willigkeit der Organisationsmitglieder unterbinden.

Für gut geführte Unternehmen wie Apple, Bosch, VW, General Electric, Toyota, Sony, Otto, Mercedes und BMW ist das Auftreten von starken Mythen und Sagen ein bezeichnendes Merkmal, obwohl sie in ihrer Stärke und Intensität variieren. Gemeinsame Mythen machen es dann leichter, internen Zusammenhalt und (organisatorische) Richtlinien der Sinngebung zu entwickeln und darüber hinaus noch das Vertrauen und die Unterstützung externer Satellitengruppen bzw. „Stakeholdern" (wie z.B. Aktionäre, Gewerkschafter, Politiker etc.) zu erhalten[106].

Peters und Waterman[107] führen hierzu aus: Eine Institution entsteht mit Hilfe zahlreicher Techniken, die alltägliche Verhaltensweisen auf lange Sicht mit Sinn und Zweck erfüllen. Zu diesen Techniken gehört als eine der wichtigsten das Schaffen von Mythen mit sozial integrierender Wirkung. Und weiter: Der Mythos trägt zur Befriedigung menschlicher Bedürfnisse bei. Nicht zuletzt darin besteht die Hoffnung, dass er zu einer Art gemeinsamen (innovativen) Sendungsbewusstsein und damit zur Harmonie innerhalb des Unternehmens beiträgt. Mythen, gleich welcher Herkunft, sind letztlich der Baustoff für innovative Unternehmen.

---

[106] Vgl. Rowe/Mason/Dickel 1982, S. 56 ff.

[107] Vgl. Peters/Waterman 1984, S. 324 f.

Geschichten und Märchen

Märchen werden üblicherweise als Unterhaltung und Belehrung von kleinen Kindern durch Erwachsene gesehen. Eine ähnliche Funktion für Erwachsene übernehmen Märchen als Verhaltensanleitung bei Innovationen im Unternehmen. Das symbolische Geschichtenerzählen im Unternehmen dient damit als Medium, um das Verhaltensspektrum der Organisationsmitglieder im Innovationsprozess zu beeinflussen, ohne dass scheinbar wesentliches gesagt wird. Geschichten und Märchen spielen demnach in modernen Organisationen eine wichtige und bisher nicht gewürdigte Rolle. Märchen trösten, beruhigen und bieten Richtlinien und Hoffnung für die Zukunft des Organisationsmitglieds. Westerlund und Sjostrand[108] haben verschiedene Funktionen herausgearbeitet, die Märchen erfüllen:

[1] „Märchen erfüllen Wunschträume bzw. erzeugen sie.

[2] Märchen unterhalten und geben Verhaltensvorschläge.

[3] Märchen geben Sicherheit, da sie anscheinend das richtige Verhaltensrepertoire widergeben.

[4] Märchen vermitteln Wissen über das Unternehmen, sofern bestimmte historische Wahrheiten einfließen.

[5] Märchen dienen der Kommunikation und damit der Werbung für bestimmte (innovative, d. Verf.) Ziele.“

Geschichten sind das Medium, mit dem Insider und Außenstehende der Organisation über Public-Relations-Maßnahmen zentrale Mythen vermittelt bekommen. Geschichten und Märchen schaffen und erhalten organisatorische Traditionen (Riten, Rituale) und werden gern in Konferenzen erzählt.

Geschichten werden aber auch dazu benutzt, Außenstehenden und insbesondere Stakeholdern[109] die Leitidee respektive das Unternehmensleitbild näherzubringen. Auf diese Weise will man ihr Vertrauen und ihre Unterstützung gewinnen.

---

[108] Vgl. Westerlund/Sjostrand 1979, S. 78 ff.

[109] Vgl. Rowe/Mason/Dickel 1982, S. 56 ff.

Rituale und Zeremonien

Außerhalb von Kirchen, Religionen und Militär haben Rituale und Zeremonien eher eine negative Bedeutung, nach dem Motto: Ist diese Konferenz über neue Geschäfte nur ein Ritual oder wollen wir wirklich was unternehmen? Dies führt dazu, dass häufig die wichtigen Funktionen, die Rituale bei sozialen Interaktionen spielen, ähnlich wie beim „Märchen", übersehen werden.[110]

Aus historischer Sicht haben Menschen Rituale und Zeremonien als Entlastung vom Legitimationsdruck benutzt, um sich Ordnung zu schaffen und diese aufrechtzuerhalten, damit eine Abschätzbarkeit und Vorhersagbarkeit sozialer Interaktionen bewirkt wird.[111]

Rituale und Zeremonien sind für Organisationen umso wichtiger, je mehr sie sich auf die soziale Interaktion der Organisationsmitglieder im prozessualen Netzwerk beziehen. Damit nehmen sie mindestens vier Hauptfunktionen in der Organisation wahr.[112]

- [1] „Sozialisierung der Organisationsmitglieder;
- [2] Stabilisierung der symbolischen Interaktion zwischen den Organisationsmitgliedern;
- [3] Reduzierung von Unsicherheiten und Mehrdeutigkeiten der sozialen Interaktion und sozialer sowie technischer Innovationen;
- [4] Übermittlung von Informationen an die Stakeholder bzw. externe Satellitengruppen des Unternehmens."

Wenn Rituale durchgeführt werden und auf die unternehmerischen Mythen abgestimmt sind, die von den Organisationsmitgliedern „geglaubt werden", beflügeln sie die Unternehmenskultur bzw. stabilisieren sie das „Wir-Gefühl" der Organisationsmitglieder. Nicht regelmäßig angewandte Rituale und Zeremonien, die ohne Bezug auf ein Mythos oder ein Märchen sind, entwickeln sich zu inhaltslosen Formen, die von den Organisationsmitgliedern als überflüssig, peinlich und ärgerlich empfunden werden, die es, wenn möglich, zu meiden gilt.

---

[110] Vgl. Habermas 1962, S. 13 ff.

[111] Vgl. Kieser 1988, S. 207 ff.

[112] Vgl. Bolman/Deal 1987, S. 162

Ständige Veränderung durch Innovationen, und damit eine ungewisse Zukunft für das Individuum im Unternehmen, erfordern aus der Sicht des Organisationsmitglieds einen „Ruhepunkt“ und einen „Halt“, der überdauert. Eine Organisationskultur, die sich reflektiv prozessual weiterentwickelt, kann diese Funktion erfüllen, solange sie nicht erstarrt, da dann die bürokratische Unternehmenskultur erreicht wäre.

Metaphern, Humor und Spiel

Symbole stehen oft für Dinge, die sehr komplex und unübersichtlich sind. Symbole zeigen Wege auf, um mit sozialen Interaktionen und innovativen Ereignissen umzugehen, die für das Individuum zunächst einmal zu komplex und mysteriös sind. Mit Hilfe der Symbole kann das Individuum sich direkt mit dem Problem auseinandersetzten und es sich vorläufig erklären. Symbole stellen eine Verbindung zwischen Idee bzw. Inkarnation und Wirklichkeit bzw. Manifestation her. Sie bringen komplizierte Ereignisse in verständliche Bilder und beeinflussen individuelle Interaktionen und damit Haltungen, Berechnungen, Entscheidungen und Aktionen.

Metaphern, Humor und Spiel illustrieren relevante „Als-ob-Eigenschaften“ von Symbolen. Sie helfen dem Individuum, mit organisatorischen Ereignissen und sozialen Interaktionen fertig zu werden, die für das Organisationsmitglied zu komplex, mysteriös oder bedrohlich sind, um sie direkt handhaben zu können.

Metaphern erlauben es dem Individuum, sich etwas so vorzustellen, als ob es etwas anderes wäre. Sie können dazu benutzt werden, Fremdes vertraut und Vertrautes fremd erscheinen zu lassen. Durch Metaphern können komplizierte Fragestellungen in anschauliche Bilder verdichtet und Wahrnehmungen, Handlungen und Bewertung beeinflusst werden.

Humor dient ebenfalls einer „Als-ob-Funktion“. Hansot[113] schreibt dem Humor folgende Funktionen zu: Humor integriert unterschiedliche Interessenstandpunkte, Humor drückt ebenso Skepsis aus und trägt somit zur Flexibilität und Adaptivität der Organisati-

---

[113] Vgl. Hansot 1979, S. 5 ff.; Neuberger/Kompa 1987, S. 136 ff.

on bei. Humor kann bei Innovationen stimulierend wirken und kann ebenso gruppenfördernd sein und der Gruppe die symbolische Zusammengehörigkeit kommunikativ vermitteln. Am wichtigsten dürfte jedoch sein, dass Humor aufzeigen kann, dass jede (organisatorische) Situation willkürlich und damit veränderbar sowie gestaltbar ist. Der Humor kann damit zu Problemlösungen beitragen, indem er Probleme lächerlich macht und auf den Punkt bringt, wo Veränderung ansetzen müsste.

Die gängige Vorstellung von „Spielen" („Ränkespiele") in den Organisationen wird durch den politischen Ansatz geprägt und suggeriert eher Konkurrenz, Konflikt und Aggression als Entspannung und Freude bei der Arbeit. In den meisten Organisationen werden Spiel und Arbeit scharf voneinander unterschieden. Spiele sind das, was Individuen machen, wenn sie gerade nicht arbeiten. Wenn „Spielen" als eine kreative Geisteshaltung gesehen wird, können jene Fähigkeiten von Mitarbeitern gefördert werden, die Innovationen schaffen.[114] Spiele erlauben es, (organisatorische) Regeln zu lockern, um dadurch zu Ideen und Alternativen von Problemen zu kommen. Klassisch ist hier die spielerische Anwendung der Kreativitätstechniken im Rahmen von Teamsitzungen hervorzuheben. Spiele fördern individuelles und organisatorisches Lernen durch Experimente und erhöhen ebenfalls die Flexibilität und Anpassungsfähigkeit der Organisation.

March[115] regt fünf Leitlinien für Spiele in Organisation an, um Innovationen zu kreieren:

[1] „Betrachte Ziele als Hypothesen.

[2] Betrachte Intuition als Realität.

[3] Betrachte Heuchelei als Übergang.

[4] Betrachte Erinnerung als einen Feind.

[5] Betrachte Erfahrung als eine Theorie."

---

114 Vgl. Goffmann 1974, S. 12 ff.

115 Vgl. March 1976, S. 86 ff.

2.5 Symbolcharakter organisatorischer Prozesse und Strukturen

Dass die Organisationsstruktur den Erfordernissen der Unternehmung und der Umwelt entsprechen muss, ist eine, insbesondere auf den situativen Ansatz zurückzuführende organisationstheoretische Einsicht; sie würde damit den „symbolischen Organisationstheoretikern" recht geben, die davon ausgehen, dass die Unternehmung eine Kultur ist. Organisationsprozesse und -strukturen sind dann hauptsächlich durch die Ziele/Aufgaben, Technologien/Ausstattungen und Umweltsequenzen bestimmt.

Aus der Sicht des symbolischen Ansatzes von Deal und Kennedy sind organisatorische Strukturen und Prozesse weltliche Mythen, Rituale und Zeremonien und damit gestaltbar. Sie drücken unsere Ängste, Freuden und Erwartungen aus. Sie spornen die Vorstellungen der Organisationsmitglieder an und bringen sie zum gewünschten Verhalten. Diese Art von organisatorischen Regeln, die sich in den Organisationsstrukturen und -prozessen wieder finden, reduzieren unsere Unsicherheit in der sozialen Interaktion und „mildern unsere Verwirrung" im organisatorischen Alltag. Gleichzeitig schaffen diese symbolischen, organisatorischen Regelungen einen Großteil an Verständnis für den Aktionspartner und es lässt sich eine Weiterentwicklung der sozialen Interaktion ausmachen, insbesondere dann, wenn Innovationen diese erfordern. Jede Innovation schafft „Verwirrung" unter den Mitgliedern der Organisation und muss symbolisch gesichert werden, und zwar dann, wenn noch kein rationales Verständnis für die Innovation von den Mitarbeitern zu erwarten ist.[116]

Strukturen als Symbole

Traditionelle organisatorische Strukturen werden verhaltenswissenschaftlich-situativ gern als Netzwerk von interdependenten Rollen der Organisationseinheiten beschrieben. Unabhängige Variablen sind die Technologie, die Umwelt oder die Aufgabe, die die Organisationsstruktur prägen. Die symbolische Sichtweise geht davon

---

[116] Vgl. Edelmann 1970, S. 152 ff.

aus, dass wenigstens in einigen Organisationen die Struktur in keiner Verbindung zu solchen unabhängigen Variablen steht. Der symbolische Ansatz bezieht sich dabei auf eine Vielzahl nicht-instrumenteller Zielvorstellungen, denen Strukturen dienen können.

In vielen Organisationen – z.B. Bildungseinrichtungen, Kirchen, Religionsgemeinschaften, Beratungsfirmen – sind die Ziele vielfältig und schwer fassbar, die Technologie ist nicht weit entwickelt, und es ist nicht möglich, deren Effektivität zu bestimmen. Eine Möglichkeit solcher Organisationen, (gesellschaftliche) Legitimität zu erreichen, besteht darin, das Erscheinungsbild so zu gestalten, wie die Gesellschaft sich eine solche Organisation vorstellt.

Eine ähnliche Ansicht findet man gerade auch in der Wertewandeldiskussion, bei der Organisationen als geronnene Werte betrachtet werden.

„Die Struktur der Preußischen Armee, die Architektur des Kölner Doms, die Gesetze der Bismarck-Zeit sind Ausdruck vorherrschender Werthaltungen einer bestimmten historischen Epoche. Sie sind häufig noch sichtbar und wirksam, wenn jene Werthaltungen, denen sie entsprungen sind, längst verblasst oder doch abgeschwächt sind. Im so verstandenen Sinne kann man auch Organisationen der Wirtschaft und Verwaltung als sichtbar gewordene „geronnene" Werte interpretieren. Das bürokratische Organisationsprinzip, das Fließband, das Prinzip der Arbeitsteilung, spezifische Führungsgrundsätze und die Architektur von Werkshallen und Verwaltungsgebäuden sind Ausdruck bestimmter Wertpräferenzen, die auch dann noch dann bestehen, wenn die in diesen Werkshallen und Verwaltungsgebäuden tätigen Menschen sich längst anderen Werten zugewandt haben."[117]

Interpretieren wir Werte, die durch symbolische Interaktion (Riten, Zeremonien etc.) Menschen – wenn dies die Umstände zulassen – eine verbindliche Orientierung geben, können wir sie als „nicht-instrumentelle Ziele" der Organisation verstehen. Ändern sich die Orientierungen durch neue symbolische Interaktion(smuster), so

[117] v. Rosenstiel 1987, S. 37

verändert sich zumindest die Intention des Akteurs, häufig aber auch das beobachtete Verhalten.

Aus der symbolischen Perspektive werden Organisationen nicht so sehr nach dem, was sie tun, sondern danach beurteilt, wie sie den Organisationsmitgliedern erscheinen. Die eigentliche, formale Struktur erhält eine zeremonische Fassade, die die geeigneten Signale an das entsprechende „Publikum" sendet. Diese Signale schaffen für die Organisationsmitglieder und Kunden Sicherheit, fördern die Glaubwürdigkeit der Organisation, pflegen und unterstützen Vertrauen und halten die Organisation lebensfähig.

Ein anderer Zweck organisatorischer Strukturen aus symbolischer Sichtweise besteht darin, ein „modernes" Erscheinungsbild zu vermitteln. Das heißt, dass Organisationen bestimmte Grundsätze und Rollen aufgrund von rechtlichem und sozialem Druck errichten.

Die neuen Strukturen reflektieren rechtliche und soziale Erwartungen und stellen gleichzeitig eine Bitte um Akzeptanz und Unterstützung der Stakeholder oder der Gesellschaft dar. Eine Organisation, die kein derartiges Handlungsprogramm besitzt, signalisiert Nonkonformität zu den derzeit vorherrschenden Erwartungen und Werten. Nonkonformität aber wiederum fordert zu Fragen, Kritik und Untersuchungen auf. Denn durch die Werte, die kritisiert werden, können bestimmte politische Akteure und deren Ziele hinterfragt werden.

Demnach haben symbolische Strukturen wenig mit der Koordination von Tätigkeiten oder der Festlegung von Verbindungen zwischen Organisationsteilnehmern zu tun, wie dies der strukturelle Ansatz behauptet, aber sie schaffen interne Symbole, die dem Individuum helfen, in einer Organisationskultur zurechtzukommen und sich eine Meinung zu bilden.

Organisatorische Prozesse als Symbole

Administrative Prozesse sind die grundlegenden Instrumente, die Organisationen benutzen, um ihre Aufgaben zu erledigen. Zu den administrativen Prozessen gehören Sitzungen (Konferenzen), Planungen und Bewertungen (Buchführungssysteme, Management-Informations-Systeme), Industrial Relations (z.B. Tarifverhandlungen) sowie Macht und Führerschaft.

Organisationsmitglieder, die in Unternehmen arbeiten, verwenden viel Zeit für solche bürokratischen Prozesse. Um diese Zeit zu rechtfertigen und den Sinn für Produktivität und Selbstwertgefühl aufrechtzuerhalten, ist es wichtig zu glauben, dass die Prozesse funktionieren bzw. dass sie zu den gewünschten Ergebnissen führen. Tatsächlich gelingt es organisatorischen Prozessen oft nicht, das zu erreichen, was sie vorgeben.

Besonders in Organisationen mit sozialer Interaktion ist eine beträchtliche Differenz festzustellen zwischen dem, was an Innovationszielen erreicht werden soll, und dem, was erreicht wird.

Aber auch wenn Prozesse keine „produktiven" Resultate erzielen, sind sie doch wichtig. Sie dienen als Rituale und Zeremonien, die die Rahmen für Dramen, Gelegenheiten zur Imagepflege und Arenen für ein neues Verständnis und Meinungen durch symbolische, soziale Interaktion bilden.

Konferenzen

Konferenzen dienen als „Mülleimer", in die Probleme, Entscheidungen, Meinungen, Ansichten abgeladen werden können.[118] Mülleimer sind besonders gut geeignet, um Angelegenheiten zu behandeln, die stark gefühlsbetont, symbolisch ausdrucksvoll, aber aufgabenorientiert und technisch unklar sind.

Mülleimer in Form von Sitzungen und Konferenzen schaffen damit nicht die rationale Abhandlung eines innovativen Problems, aber sie dienen symbolischen Funktionen (man hat mindestens die anderen zu fragen), die Illusion der Entscheidungsbeteiligung durch das Individuum zu belegen und Konflikte in Organisationen zu verhindern.

Planung[119]

Planung steht als Zeichen oder Symbol für ein gutes Management bei der Generierung von Innovationen. Eine Unternehmung, die nicht plant, gilt als rückständig, kurzsichtig und führungslos, da sie

---

118 Vgl. March/Olsen 1976, S. 25 ff.

119 Vgl. Edelmann 1970, S. 44 ff.

sich nicht dieses rationalen Verwaltungsprozesses bedient. Die weiteren und zukünftigen Aktivitäten können auch mit der Planung legitimiert werden. Planung kann deshalb zu einer Zeremonie verkommen, die einige Manager und damit die Organisation periodisch durchführen muss, um spätere Handlungen und Entscheidungen zu legitimieren. Ein Plan ist ein Ehrenmerkmal, das die Organisation auffällig und mit ziemlichem Stolz präsentiert.

Planung verändert vielleicht nicht die Zukunft des Unternehmens oder bewirkt keine Entscheidungen, aber die Organisation hat ein Bedürfnis nach Planung. Sie steht symbolisch für Voraussicht und Rationalität, was Außenstehenden den Glauben an die Organisation erhält und ihre Unterstützung fördert.

Bewertungen[120]

Bewertungen von Organisationsmitgliedern (Mitarbeiterbeurteilungssysteme) und Programmen (Buchhaltung, Management-Informations-Systeme) sind in den meisten Organisationen geläufige Tätigkeiten. Bewertungsbemühungen nehmen viel Zeit, Kosten und Anstrengungen der Mitglieder in Anspruch, und sie führen zu ausführlichen Berichten, die mit großem Zeremoniell in formalen Treffen (Sitzungen, Konferenzen) präsentiert werden.

Bisher verschwanden die Ergebnisse von Bewertungen typischerweise in einem Winkel der Erinnerung einiger Organisationsmitglieder oder in den Schreibtischen und Regalen der Verwaltungsbehörde.

Bewertungen sind etwas, das Organisationen benötigen, um verantwortungsbewusst, seriös und gut organisiert zu erscheinen, obwohl die Ergebnisse von Bewertungen selten für die Entscheidungsfindung benutzt werden. Bewertungen werden durchgeführt, weil sie „eindeutig“ symbolisch für „rationale Zwecke“ stehen. Sie schaffen „magische Zahlen und Nummern“, die dem Management helfen, daran zu glauben, dass Innovationen rational entschieden worden sind.

---

120 Vgl. Westerlund/Sjöstrand 1979, S. 1 ff.

Verhandlungen

Tarifverhandlungen werden generell als ein erforderlicher Prozess zu Konfliktbewältigung, z.B. bei neuen Geschäften und Produktionsverfahren, und zur Erreichung durchführbarer Übereinkommen (Rationalisierungsschutz) zwischen Arbeitern und dem Management gesehen.

Tarifverhandlungen über die Einführung neuer Technologien und neuer Lohnsysteme können aber ebenso als ein Ritual wie auch als ein Drama gesehen werden. Die Tarifparteien kennen vorher schon das Ergebnis ihrer Verhandlungen, müssen aber den Mitgliedern vermitteln, dass sie um jeden Zehntel-Prozentpunkt gekämpft haben. Das Drama wird vor dem Publikum (über die öffentlichen Medien) gespielt, das sich aus dem Management bzw. den Arbeitgebervertretern, den Arbeitern bzw. Arbeitnehmervertretern oder Gewerkschaftsvertretern und der Öffentlichkeit zusammensetzt. Es bringt den Kampf zum Ausdruck (Sitzungen ziehen sich bis spät in die Nacht hinein, Sitzungen werden von einer Tarifpartei abgebrochen, um sie eine Woche später wieder aufzunehmen usw.), der entworfen wurde, damit jede Seite glaubt, dass die Beendigung des Kampfes das Resultat einer heroischen Schlacht ist.

Wenn das Drama gut gespielt wird, übermittelt es die Aussage, dass beide Kontrahenten hart gekämpft und sich für ihre Überzeugungen eingesetzt haben.[121]

Macht

Macht wird normalerweise als ein Merkmal gesehen, das Individuen aufgrund ihrer Persönlichkeit, ihres Wissens oder Informationsvorsprungs besitzen oder das sie von der Organisation erhalten haben, andere Mitglieder bestrafen oder belohnen zu können. Macht wird aber auch der Organisation selbst zugeschrieben, basierend auf der subjektiv empfundenen Einsicht des Individuums, dass es durch die Unternehmung als solche kontrolliert werden könne. Das entscheidende Problem besteht darin, dass Macht, wie viele andere organisatorische Phänomene ebenso, oft vieldeutig ist, denn hinter Symbolen kann sich tatsächlich Macht oder geglaubte Macht verbergen.

---

121 Vgl. Edelmann 1970, S. 22 ff. und S. 152 ff.; Blumer 1981, S. 96 ff.

Aus der symbolischen Perspektive haben Individuen Macht, wenn andere glauben, dass sie welche haben. Dieser Glaube fördert Interaktionen, Aktivitäten und Ergebnisse, die mit bestimmten Personen in Verbindung gebracht werden. Wenn z.B. eine Firma mehr Gewinn erzielt, schreibt man dies eher dem Geschäftsführer als der Genese eines neuen Geschäftes zu. Individuen erscheinen oftmals als machtvoll, weil sie zufällig zur richtigen Zeit am richtigen Ort sind und die richtige Position einnehmen.

Führerschaft

Führerschaft wird traditionell immer noch als persönlicher Charakterzug und Verhaltensweise gesehen, welche wesentlich zum Organisationserfolg oder -misserfolg beiträgt. Aus dieser Sicht wird der Geschäftsführer eine Gehalterhöhung erhalten, wenn der Gewinn steigt. Wenn der Gewinn sinkt bzw. große Umsatzeinbußen zu verzeichnen sind, wird man einen neuen Geschäftsführer suchen.

Die Annahme, dass Führungskräfte sich durch bestimmte Eigenschaften von anderen unterscheiden, ist zwar aus symbolischer Sicht, „richtig“, empirisch aber nicht belegbar.

Führungskräfte schaffen demnach Innovationen weniger dadurch, wie sie etwas machen, sondern wie sie dabei auf andere wirken (z.B. Promoter einer Innovation).

Für administrative Prozesse ist die äußere Erscheinung oft wichtiger, als das, was man produziert. Die äußere Erscheinung ist zudem ein wesentlicher Punkt für die innere Meinungsbildung, für den Erhalt der Legitimität und die Unterstützung durch externe Satellitengruppen bzw. Stakeholder (Aktionäre, Aufsichtsratsmitglieder, Gewerkschafter etc.).

Als ein Fazit des symbolischen Ansatzes lässt sich konstatieren:

> In einer vieldeutigen und unsicheren Organisationswelt suchen Individuen in der sozialen Interaktion nach Vorhersehbarkeit und Ordnung. Individuen schaffen daher lieber symbolische Lösungen und damit sogar eine Organisationskultur, als dass sie zugeben, dass die Vieldeutigkeit von Problemen

vielleicht nicht lösbar und die Unsicherheit evtl. nicht reduzierbar ist.

Organisatorische Strukturen und Prozesse dienen als Mythen, Rituale und Zeremonien, die den Zusammenhalt in der Organisation fördern und eine Verbindung zwischen der Organisation und ihrer Umwelt schaffen.

Zurzeit wird dem Symbolischen Ansatz noch zu wenig Beachtung geschenkt. Ein Grund dafür liegt in den noch nicht geklärten Methoden, wie erhebungstechnisch Organisationskulturen zu erfassen und damit zu gestalten sind.[122]

Eine Vernachlässigung der symbolischen Interaktionen menschlichen Handelns in Organisationen bringt nur begrenzte Organisationsprobleme ans Tageslicht; die Organisationstheorie und Managementlehre erfährt durch diese Aspekte bei Innovationen eine Bereicherung, denkt man nur an die Unternehmenskulturmodelle.

Literatur zu Kapitel 2

Barney, J. B.: Organizational culture: Can it be a source of substained competition advandtage?, in: Academy of Management Review, 1986, 11 (3), p. 656–665

Becker, M./Labucay, I. (2012).: Organisationsentwicklung, Schäffer Poeschel-Verlag, Stuttgart

Blumer, H. (1981): Der Methodologische Standort des symbolischen Interaktionismus. In: Arbeitsgruppe Bielefelder Soziologen (Hrsg.): Alltagswissen, Interaktion und gesellschaftliche Wirklichkeit 1, 5. Aufl., 0pladen, S. 80–146

Bolman, L. G. /Deal, T. E. (1987): Modern Approaches to Understanding and Managing Organizations. San Francisco /London

Burns, T./ Stalker, G.M.(1961): The management of innovation, London

---

122 Vgl. Blumer 1981, S. 101 ff.; Neuberger/Kompa 1987, S. 57 ff. und Osterloh 1988, S. 139 ff.

Cyert, R.M./March, J.G (1963): A behavioral theory of the firm, Englewood Cliffs, NJ

Deal, T. E./Kennedy, A. A. (1987): Unternehmenserfolg durch Unternehmenskultur, Bonn

Dyer, W. G. (1985): The cycle of cultural evolution in organizations, in: Kilmann, R.H. / Saxton, M.J./ Serpa, R. (ed.): Gaining control of the corporate culture, San Francisco/London, p. 200–229

Mead, G. H. (1934): Mind, Self, and Society. Chicago

Mead, G.H. (1968): Geist, Identität und Gesellschaft, Frankfurt am Main

Neuberger, O./ Kampa, A. (1987): Wir, die Firma. Der Kult um die Unternehmenskultur. Weinheim/Basel

Ouchi, W. G. (1981): Theory Z Reading, Cambridge, Mass.

Schein, E. H. (1984): Coming to a new awareness of organizational culture, in: Sloan Management Review 25(2) p. 3-16

Schein, E. H. 81985): organizational culture and leadership: A dynamic view, San Francisco et. al.

Schmeisser, W. (1997).: Zur Genese neuer Geschäfte in der Industrieunternehmung. Ein multikontextualer Erklärungsansatz für technische Innovationen. Shaker-Verlag, Aachen

Schmeisser, W./ Andresen, M./ Kaiser, S (2012).: Personalmanagement. UTB Basic, München

Schmeisser, W./ Reiß, M./ Rolf, A. u.a.(2013): Organisation. UTB Basic München

Schreyögg, G (2012).: Grundlagen der Organisation. Springer Gabler-Verlag, Wiesbaden

Simon, H. A. (1981): Entscheidungsverhalten in Organisation. Landsberg am Lech

Smircich, L. (1983): Concepts of Culture and Organizational Analysis, in: Administrative Science Quarterly 28 (1983), p. 339-358

Westerlund, G./ Sjöstrand, S.-E. (1981).: Organisationsmythen. Klett-Cotta, Stuttgar

Stichwortverzeichnis